Mukamuri Brain Tawedzerwa

# Tecnologias de adaptação climaticamente inteligentes na agricultura

Mukamuri Brain Tawedzerwa

# Tecnologias de adaptação climaticamente inteligentes na agricultura

ScienciaScripts

**Imprint**



Cover image: www.ingimage.com

This book is a translation from the original published under ISBN 978-620-2-30136-7.

Publisher:
Sciencia Scripts
is a trademark of
Dodo Books Indian Ocean Ltd. and OmniScriptum S.R.L publishing group

120 High Road, East Finchley, London, N2 9ED, United Kingdom
Str. Armeneasca 28/1, office 1, Chisinau MD-2012, Republic of Moldova, Europe
Managing Directors: Ieva Konstantinova, Victoria Ursu
info@omniscriptum.com

Printed at: see last page
**ISBN: 978-620-8-50566-0**

# Resumo

*É avaliado o impacto das tecnologias de adaptação às alterações climáticas ou das tecnologias climaticamente inteligentes na segurança alimentar. A área de estudo, representada por alas selecionadas no distrito de Chivi, é caracterizada por uma precipitação baixa e errática, 400-650 mm/ano. A metodologia do estudo incluiu técnicas de investigação quantitativas e qualitativas. Os métodos quantitativos foram cruciais para a produção de informação sobre as alterações nos rendimentos de produtos básicos como o sorgo, o trigo e o milho, bem como de leguminosas e batata-doce. As alterações nos rendimentos foram medidas através de um questionário fechado (N= 50). Os métodos qualitativos foram muito úteis na recolha de dados, particularmente sobre as percepções das alterações climáticas. O documento conclui que, embora as tecnologias de adaptação climática, tais como a lavoura zero e os esquemas de irrigação movidos a energia solar, sejam apontadas como a panaceia para a insegurança alimentar no distrito de Chivi, ainda existem desafios que dificultam a realização dos benefícios reais da sua adoção nas práticas agrícolas rurais de corrente principal. Alguns dos problemas foram além dos biofísicos e eram socioeconómicos. O estudo recomenda, portanto, que diferentes partes interessadas implementem tecnologias de baixo custo de adaptação às mudanças climáticas (CCAT) que as comunidades possam cuidar usando conhecimentos e materiais indígenas, uma vez que isto irá desenvolver a sua capacidade e, portanto, um aumento sustentado na produção de alimentos, o que implica segurança alimentar para a nação em geral.*

**Palavras-chave:** *Segurança alimentar, alterações climáticas (CC), tecnologias de adaptação às alterações climáticas (CCST), mitigação e sustentabilidade*

# Reconhecimento

Gostaria de agradecer ao meu orientador, Prof. K. Nyikahadzoi, pelo seu entusiasmo, palavras sábias, empenhamento e apoio constante para garantir a produção de uma tese de qualidade. Ao longo do meu estudo, o Prof. Nyikahadzoi demonstrou grande profissionalismo, paciência e uma ajuda inestimável. Os seus comentários foram sempre diretos. Na sua agenda preenchida, encontrou sempre tempo para as nossas discussões, o que me ajudou a recuperar quando os meus passos vacilaram. Gostaria de expressar a minha gratidão ao Sr. Bryron pelo seu apoio inquestionável na análise dos dados. Beneficiei de críticas e discussões frutuosas com o painel académico do Centro de Ciências Sociais Aplicadas (Prof. V. Dzingirai, Prof. Sachikonye, Dr. G. Chikowore e Dr. B. B. Mukamuri), os seus contributos abriram o meu caminho e moldaram a forma como conceptualizei e problematizei as questões relativas ao tema. Estou eternamente grato às várias pessoas e instituições que me ajudaram a aceder aos dados necessários. Estas incluem o conselho distrital rural de Chivi, a polícia da república do Zimbabué (Chivi), o administrador distrital de Chivi, os assistentes de investigação (Denford Chivanga, Brian Gwenhamo, Temptation Gwenhamo, Petty e Modesty) por me terem prestado serviços gratuitos, a sua benevolência é irrepreensível. Também estendo os meus sinceros agradecimentos a todos os meus amigos, de igual valor são os seguintes; o grupo RCZ no campus, com menção especial a Tashinga Chiwara, Jollity Magunda, Pepukai Munodawafa, Jimmy, Tendai Harrison e Charity Zingoni; saúdo-vos a sério, só por vos conhecer, a minha vida no campus foi facilitada, o que me ajudou a manter a sanidade nos momentos difíceis. Embora apenas o meu nome apareça na página de rosto desta tese, são grandes pessoas que contribuíram de forma excecional para a sua produção. Devo a minha gratidão a todas as pessoas que tornaram esta tese possível e, graças a elas, a minha experiência de licenciatura foi algo que guardarei para sempre. Acima de tudo, nada disto seria possível sem o amor e o apoio dos meus colegas de turma, Noster 'amainini' Mugwagwa, Larmeck 'madzibaba' Kachena, Voyosile 'mphoko' Moyo, Tarisai 'MSU' Nyamucherera e Johannes 'planner' Bhanye, pelas suas discussões estimulantes, pelas noites sem dormir em que trabalhámos juntos antes dos prazos e por todo o divertimento que tivemos nos últimos 18 meses.

Acima de tudo, agradeço ao Senhor todo-poderoso por me ter conduzido até aqui, que a graça do Senhor e a doce comunhão do Espírito Santo continuem a guiar-me

## Dedicação

À minha maravilhosa família (Golden, Mercy, Susan, Teclah, Frank e Tashinga Mukamuri).

Obrigada por acreditarem em mim, pelo vosso apoio e encorajamento. Estou-vos eternamente grato.

# Índice

# Abreviaturas

| | |
|---|---|
| **AGRITEX** | Agricultural Technical Extension Services |
| **CC** | Climate Change |
| **CCAT** | Climate Change Adaptation Technologies |
| **$CO_2$** | Carbon dioxide |
| **CSI** | Copying Strategy Index |
| **CST** | Climate Smart Technologies |
| **FAO** | Food and Agriculture Organisation |
| **GHG** | Green House Gases |
| **HDDS** | Household Dietary Density Score |
| **IFAD** | International Funds for Agricultural Development |
| **IPCC** | Intergovernmental Panel for Climate Change |
| **MIHFP** | Month of Inadequate Household Food Provision |
| **NGO** | Non-governmental Organisations |
| **ONS** | Office for National Statistics |
| **UNFCCC** | United Nations Convention on Climate Change |
| **WFP** | World Food Programme |

# CAPÍTULO 1

## 1.0 Introdução

A definição de alterações climáticas é controversa. As alterações climáticas têm vindo a assumir vários significados por parte de vários académicos e instituições (Toepfer, 2005). Como tal, a definição depende da trajetória e do contexto específico. É imperativo notar que a ambiguidade da definição continua a ser a fonte de muitas dificuldades na ciência, na política e nas culturas das alterações climáticas (Brace e Geohegan, 2011). Assim, as alterações climáticas são simultaneamente uma realidade e uma agenda, um problema e um contexto (Brace e Geohegan, 2011). Geralmente, é definida como uma mudança nos padrões de precipitação e um aumento da temperatura numa determinada área, num determinado momento. Por um lado, as alterações climáticas, de acordo com o Painel Intergovernamental sobre as Alterações Climáticas (IPCC, 2007), referem-se a quaisquer alterações no clima ao longo do tempo, quer devido à variabilidade natural quer como resultado das actividades humanas. Por outro lado, o Gabinete Meteorológico do Zimbabué, (2010) definiu-a como qualquer mudança distinta no clima que é atribuída direta ou indiretamente às actividades humanas que alteram a composição da atmosfera global e que dura um longo período de tempo. As alterações climáticas afectarão as pessoas e o ambiente de muitas formas. Alguns destes impactos, como as fortes vagas de calor, podem pôr a vida em risco. Outros, como a propagação de ervas daninhas, serão menos graves e poderão até ser positivos.

Este estudo centra-se nos efeitos das Tecnologias de Adaptação às Alterações Climáticas (TAC) na segurança alimentar num contexto comunal. Muito tem sido escrito sobre as alterações climáticas por académicos como Neumann (1985), Manjengwa (2014) e Bhatasara (2015), mas há muito pouco conhecimento empírico sobre os seus efeitos na produção alimentar. A seca induzida pelas Alterações Climáticas, está a acontecer com mais frequência e está a causar sérios danos em quase todas as estações agrícolas na área do distrito de Chivi. Por esta razão, é necessário melhorar a capacidade das comunidades e dos agregados familiares de se adaptarem às Mudanças Climáticas. Esta tese examina a vulnerabilidade das famílias aos problemas persistentes da mudança climática e analisa os factores que influenciam a adoção e implementação de estratégias resilientes à mudança climática (estratégias de adaptação à mudança climática). Examina e discute especificamente as diferentes opções de CCAT que um agregado familiar pode adotar e por que razão algumas das opções lucrativas foram deixadas de fora, embora sejam prescritas como remédios para a pobreza em caso de alterações climáticas.

O sector agrícola é sensível às variações climáticas e pode ser um dos sectores mais afectados pelas alterações climáticas no Zimbabué (Manjengwa et al., 2014). As alterações climáticas podem ser limitadas a uma região específica ou podem ocorrer em todo o planeta (Zewdie, 2014). Nos últimos anos, tornou-se claro que as alterações climáticas são um processo inevitável. No Zimbabué, prevê-se que as alterações climáticas tenham um impacto especialmente negativo, devido ao aquecimento previsto e aos défices de precipitação no distrito de Chivi (Thompson et al., 2010). A nível nacional, o rápido aumento do PIB criou uma grande oportunidade para melhorar os indicadores de desenvolvimento, incluindo a segurança alimentar (SA), mas mostrou apenas melhorias limitadas (Thompson et al., 2010).

Este estudo surge da observação de que as questões dos pequenos agricultores não estão a ser tratadas de forma eficaz sempre que há desenvolvimentos. As alterações climáticas estão a tornar-se uma enorme ameaça para a agricultura, que é uma das maiores estratégias de subsistência rural que não pode ser eliminada. Por conseguinte, é necessário integrá-las conscientemente na agenda de desenvolvimento nacional. Isto pode ser conseguido quando os agricultores não são aconselhados a adotar eficazmente tecnologias de adaptação às alterações climáticas que ajudem a mitigar os problemas das alterações climáticas na área de Chivi, que se caracteriza por experiências variáveis de alterações climáticas que têm uma forte influência na segurança alimentar da área e da nação em geral (Campbell et al., 2013).

Esta tese baseia-se e contribui para a literatura teórica estabelecida sobre as alterações climáticas. Estas contribuições fornecem uma base sólida para a compreensão dos efeitos das tecnologias de adaptação às alterações climáticas na segurança alimentar. A atual literatura convencional é, no entanto, menos abrangente no que diz respeito à conclusão sobre os desafios dos agricultores comunitários na adaptação às alterações climáticas.

## 1.2 Contexto do estudo

As alterações climáticas são muito actuais e a maioria das organizações ambientais está a falar sobre o assunto. Existem vários estudos que expõem e avaliam as implicações das alterações climáticas no sector agrícola. A maioria dos quais mostra a ameaça crescente que esta mudança representa para o desenvolvimento sustentável dos países de baixo rendimento e para a segurança alimentar global (Ramirez et al., 2013). Um estudo de Ramirez et al., (2013), sustenta que os efeitos negativos mais fortes serão sentidos pelos países em desenvolvimento. Ramirez sublinhou que o grupo de países mais susceptíveis de sofrer perdas são os que se situam perto do equador e em latitudes mais baixas, onde as temperaturas tendem a ser mais elevadas. Adams et al. (1999) reforçam esta ideia quando observam que os impactos das alterações climáticas nas culturas tendem a ser mais negativos nas latitudes mais baixas, em especial no que respeita aos rendimentos do trigo e do milho. Em regiões como a América Central, o clima é bastante variável e há problemas relacionados com secas e inundações que afectam diretamente a produção alimentar. Além disso, as infestações de insectos, as ervas daninhas e as doenças relacionadas com o clima tendem a causar danos nos países em desenvolvimento, como os da América Central (Mendelsohn e Seo, 2007)

Existe uma forte correlação entre as alterações climáticas e a segurança alimentar porque uma mudança nas condições agro-ecológicas pode afetar diretamente a capacidade de alimentar as pessoas. No entanto, a investigação mostra que as alterações climáticas não afectarão igualmente todos os países, sendo provável que tenham o maior impacto nas regiões equatoriais, como a África Subsariana (Ellis 2008, Adams et al., 1999). Isto significa que os países que já se debatem com problemas de segurança alimentar terão provavelmente mais dificuldades no futuro. De acordo com Ellis (2008), o Painel Intergovernamental para as Alterações Climáticas (IPCC) prevê que os rendimentos da agricultura de sequeiro em alguns países africanos poderão sofrer uma redução de até 50% até 2020. Entretanto, países como o Zimbabué estão a sofrer alterações nos padrões de utilização das terras agrícolas devido às alterações climáticas (Koppe et al., 2004).

As alterações climáticas, resultantes em grande parte do consumo insustentável de cerca de 15% da população mundial, tornaram-se também uma questão moral e ética dominante para a sociedade (Dasgupta et al., 2015). Ainda há tempo para mitigar as alterações climáticas incontroláveis e reparar os danos causados aos ecossistemas, desde que reorientemos a nossa atitude em relação à natureza e trabalhemos para lhe dar um lar. As alterações climáticas são um problema global cuja solução dependerá do facto de ultrapassarmos as filiações nacionais e nos unirmos em prol do bem comum (a natureza) para evitar aquilo a que Hardin chamou a tragédia do comum (Hardin, 1968). Tais mudanças transformacionais de atitudes ajudariam a promover as necessárias estratégias de intervenção no problema ambiental e inovações tecnológicas para a agricultura que têm um efeito insignificante nos ecossistemas e na topografia da área, protegendo assim as gerações que ainda estão para nascer (Dasgupta et al., 2015).

As práticas agrícolas também agravam as alterações climáticas. O Painel Intergovernamental sobre as Alterações Climáticas (2004) referiu que a agricultura contribui com 13,5 por cento das emissões globais de gases com efeito de estufa. De acordo com a Greenpeace, se calcularmos as emissões diretas e indirectas do sistema alimentar, a contribuição da agricultura pode chegar aos 32% (Ellis, 2008; Chanza e Wit, 2015). A Greenpeace incluiu todas as actividades relacionadas; para além da produção agrícola, acrescenta a utilização dos solos, o transporte, a embalagem e a transformação. O futuro da produção agrícola depende tanto da conceção de novas formas de adaptação às consequências prováveis das alterações climáticas, como da alteração das práticas agrícolas para mitigar os danos climáticos causados pelas práticas actuais, tudo isto sem prejudicar a segurança alimentar, o desenvolvimento rural e os meios de subsistência (Chanza e Wit, 2015).

As alterações climáticas estão a ter um impacto negativo nas famílias rurais do Zimbabué, que dependem sobretudo da agricultura de sequeiro, o que levou a apelos à adoção de estratégias que possam ajudar os agricultores a adaptarem-se ao fenómeno (Relatório CARE, 2014). A CARE International Zimbabwe observou que os pequenos agricultores não sobreviverão se não se adaptarem às mudanças nas condições climáticas. A organização acredita que é necessário que várias partes interessadas participem na construção da resiliência das suas comunidades. Como tal, é imperativo que as comunidades conheçam os efeitos drásticos das mudanças climáticas para que possam preparar-se adequadamente para as suas épocas de plantio (CARE Zimbabwe, 2014, Koppe et al., 2004).

A literatura mostra que as mudanças, variações e incertezas no clima não passaram despercebidas pelas comunidades locais que experimentaram e estão a experimentar as alterações climáticas (Bhatasara, 2015, Brace e Geohegan, 2010, Koppe et al., 2004). No Zimbabué, a cultura do milho é extremamente importante para a segurança alimentar, mas também é altamente sensível a eventos de temperatura extrema, como a onda de calor, pelo que a nação espera uma enorme redução no sector da produção de milho. Reconhece-se agora que os conhecimentos ambientais, incluindo os que envolvem as CCAT, precisam de ser compreendidos à escala local (Brace e Geohegan, 2010).

A preocupação com a questão das alterações climáticas e da segurança alimentar no país levou o Governo do Zimbabué a conferir mandato a vários departamentos e outras ONG para gerir a degradação das terras e assegurar uma produção alimentar consistente, incentivando os agricultores a adoptarem tecnologias de adaptação às alterações climáticas (CCAT), que são inteligentes do ponto de vista climático. Assim, o Governo atribuiu a vários departamentos, como o Agritex, a Comissão Florestal, o Ministério das Terras, o Ministério da Agricultura e Mecanização e o Ministério do Ambiente, da Água e do Clima, o mandato de gerir os assuntos relacionados com os recursos terrestres e garantir uma produção alimentar sustentável (Mutisi, 2001:5; Estratégia Nacional de Resposta às Alterações Climáticas do Zimbabué, 2013; Butler, 2009). No entanto, mesmo com a criação destes organismos com funções específicas, como o Ministério da Agricultura e da Mecanização, a insegurança alimentar continua a ser abundante devido aos efeitos grosseiros das alterações climáticas, juntamente com a política de predação dentro dos respectivos departamentos, que alguns académicos ainda se negam a reconhecer. No entanto, este facto tem um efeito adverso na resposta nacional às alterações climáticas. A constatação de que estes departamentos, por si só, não foram capazes de evitar os problemas de produção de alimentos pobres apontou para a necessidade de revisão e inclusão de tecnologias de adaptação às alterações climáticas. Assim, é neste contexto que será realizado um estudo de investigação para compreender melhor os problemas agrícolas colocados às comunidades na era das alterações climáticas e prescrever as possíveis soluções que podem ser utilizadas pelos agricultores comunais para melhor enfrentarem as condições climáticas em mudança em Chivi.

### 1.3 Declaração do problema

Estudos anteriores indicam que as alterações climáticas (MC) e as MCAT estão a tornar-se cada vez mais um tema de atualidade que tem gerado debate entre os académicos (Koppe et al., 2004; Butler, 2009; Lovera, 2009). Em termos fiscais/económicos, as alterações climáticas constituem um passivo público contingente que afectará as finanças públicas dos governos nas gerações vindouras. O estado de insegurança alimentar no país atingiu uma taxa alarmante, com o aumento da temperatura, da erosão e da desertificação (Chanza e Wit, 2015). No Zimbabué, os impactos das alterações climáticas na segurança alimentar e nos meios de subsistência das pessoas levaram ao desenvolvimento de uma estratégia nacional de resposta ao clima coordenada pelo Ministério do Ambiente e da Gestão dos Recursos Naturais em maio de 2013. Esta tese investiga as percepções sobre a existência das alterações climáticas e os factores que moldam essas percepções, as implicações das tecnologias e práticas de adaptação às alterações climáticas na segurança alimentar. Argumenta-se que, pouca atenção tem sido dada em termos de análise das relações complexas que a CCAT é suscetível de gerar em termos de disponibilidade de alimentos, acesso, utilização e estratégias de estabilidade na era das alterações climáticas, especialmente na área de Chivi (Durden, 2004).

Os estudos disponíveis são inadequados para compreender as percepções sobre a existência das alterações climáticas em Chivi (Mugabe 2005; Care 2011). Descobrimos que, sem compreender as tecnologias agrícolas, a melhoria da segurança alimentar continuará a ser um desafio no Zimbabué. Este estudo é um avanço significativo em relação aos anteriores, porque se afasta mais do debate sobre a ação legislativa em matéria de clima para explorar as tecnologias climáticas utilizadas por diferentes agricultores nos mesmos contextos ecológicos e económicos ao nível de uma exploração agrícola comunal.

### 1.4 Objectivos da investigação

Esta investigação tem como objetivo desenvolver um processo de aprendizagem colaborativa para apoiar a inovação e a implementação de tecnologias de adaptação às alterações climáticas para melhor fazer face aos impactos das alterações climáticas na segurança alimentar no Zimbabué.

I. Investigar as percepções dos agricultores comunitários sobre a existência de alterações climáticas

II. Avaliar as implicações das tecnologias de adaptação às alterações climáticas na segurança alimentar dos agricultores comunais do distrito de Chivi

III. Identificar os principais desafios enfrentados pelos agricultores comunais de Chivi na adaptação às alterações climáticas

## 1.5 Hipótese

I. As tecnologias de adaptação às alterações climáticas utilizadas nas explorações agrícolas comunitárias são eficazes na redução da vulnerabilidade induzida dos pequenos agricultores e na promoção da segurança alimentar no Zimbabué.

II. O CCAT oferece às comunidades empobrecidas e marginalizadas opções adicionais para as ajudar a fazer face às alterações climáticas e ao aumento da insegurança alimentar

## 1.6 Justificação do estudo

Esta tese tem como objetivo desvendar a correlação entre as mudanças climáticas e a segurança alimentar, com particular referência à área de Chivi. Ajuda a preencher as lacunas de conhecimento que existem no atual corpo de conhecimento sobre o tema, fornecendo uma melhor compreensão das percepções sobre os efeitos da adaptação às mudanças climáticas na segurança alimentar (Koppe et al., 2004). Existe uma escassez na literatura que documenta a importância das tecnologias de adaptação às alterações climáticas. Esta investigação, em particular , aborda questões conceptuais como a capacidade de adaptação rural e a segurança alimentar em áreas comunais, que não foram adequadamente deliberadas por investigadores anteriores, de modo a preencher estas lacunas académicas. Esta investigação aborda as lacunas no atual corpo de conhecimentos e informa os decisores políticos para que tomem decisões informadas sobre a formulação e implementação de tecnologias e políticas de adaptação às alterações climáticas que os afectam. Esta abordagem contribuirá em grande medida para melhorar a taxa e a quantidade de produção alimentar a nível familiar, fazendo com que a agricultura deixe de ser uma miragem e passe a ser uma realidade. Esta investigação também ajudará os agricultores comunitários a compreender por que razão a produção alimentar de subsistência está a ser cercada em Chivi. Como tal, não se deve presumir que a utilização de tecnologias climáticas conduzirá a uma produção alimentar substancial e a outros benefícios económicos para a área agrícola comunal de Chivi.

## 1.7 Definição de termos-chave

**1.7.1 As alterações climáticas** são uma mudança a longo prazo na distribuição estatística dos padrões climáticos ao longo de períodos de tempo que variam de décadas a milhões de anos (Manjengwa et al., 2014).

**1.7.2 Tecnologias de adaptação às alterações climáticas** - são medidas de adaptação agrícola informadas pela ciência. Visam atingir os objectivos de aumentar a produtividade agrícola e os rendimentos dos agricultores comunitários, permitindo simultaneamente a adaptação e a resistência às alterações climáticas. Por outras palavras, é uma forma de fazer produção agrícola que reduz os elevados níveis de riscos que os agricultores comunitários enfrentam todos os dias.

1.7.3 Existe **segurança alimentar** quando todas as pessoas, em qualquer momento, têm acesso físico e económico a alimentos nutritivos, seguros e em quantidade suficiente, que satisfaçam as suas necessidades dietéticas e preferências alimentares para uma vida ativa e saudável" (Cimeira Mundial da Alimentação, 1996).

De acordo com a FAO (2006), as definições amplamente aceites apontam para as seguintes dimensões
1.7.4 **Disponibilidade de alimentos**: a disponibilidade de quantidades suficientes de alimentos de qualidade adequada, fornecidos através da produção interna ou de importações, incluindo a ajuda alimentar (FAO, 2006).

**1.7.5 Acesso aos alimentos:** O acesso dos indivíduos a recursos adequados (direitos) para a aquisição de alimentos apropriados para uma dieta nutritiva. Os direitos são definidos como o conjunto de todos os pacotes de bens sobre os quais uma pessoa pode estabelecer o comando, tendo em conta as disposições legais, políticas, económicas e sociais da comunidade em que vive, incluindo os direitos tradicionais, como o acesso a recursos comuns (FAO, 2006).

**1.7.7 Utilização:** Utilização de alimentos através de uma dieta adequada, saneamento e cuidados de saúde para alcançar um estado de bem-estar nutricional onde todas as necessidades fisiológicas são satisfeitas. Isto realça a importância dos factores de produção não alimentares na segurança alimentar (FAO, 2006).

**1.7.8 Estabilidade:** Para ter segurança alimentar, uma população, um agregado familiar ou um indivíduo devem ter acesso a alimentos adequados em qualquer altura. Não deve correr o risco de ficar sem alimentos em consequência de choques súbitos (por exemplo, uma crise económica ou climática) ou de acontecimentos cíclicos (por exemplo, insegurança alimentar sazonal). O conceito de estabilidade pode, por conseguinte, referir-se tanto à dimensão da disponibilidade como à do acesso à segurança alimentar (FAO, 2006)

**1.7.9 Adaptação:** O IPCC define a adaptação como um ajustamento do sistema natural ou humano em resposta a estímulos climáticos actuais ou previstos ou aos seus efeitos, que modera os danos ou explora oportunidades benéficas (IPCC, 2007)

## 1.8 Organização dos capítulos

Esta tese está organizada em cinco capítulos. O primeiro capítulo contém a Introdução, que dá uma visão geral das alterações climáticas e das tecnologias climaticamente inteligentes no Zimbabué em relação aos meios de subsistência e à segurança alimentar, e também tenta identificar as lacunas na disponibilidade, estabilidade e utilização de alimentos com base na literatura, a fim de realçar o objetivo do estudo. A declaração do problema, os objectivos e a justificação também estão contidos neste Capítulo um. O capítulo dois (2) contém uma revisão da literatura sobre as alterações climáticas e a CCAT, bem como sobre a segurança alimentar, e o quadro analítico do estudo. O capítulo três, questões metodológicas e conceptuais, métodos, área de estudo e ferramentas de análise de dados. Também apresenta um resumo e caraterísticas da área de estudo do distrito rural de Chivi, em termos de localização geográfica, tamanho da população e distribuição, opções de subsistência das pessoas no distrito de Chivi. Contém também os materiais, técnicas e métodos utilizados para a amostragem, recolha e análise de dados para o projeto de investigação, a fim de cumprir os objectivos do estudo. O capítulo quatro apresenta os resultados e os diagramas para facilitar a interpretação pelos utilizadores externos. Por último, mas não menos importante, o capítulo cinco inclui a discussão dos resultados, bem como as conclusões gerais do estudo e as recomendações.

# CAPÍTULO 2

## Revisão da Literatura, Enquadramento Conceptual e Teórico

### 2.1 Introdução

Esta secção analisa a literatura que discute os principais esforços para analisar os efeitos das alterações climáticas no sector agrícola. A literatura disponível sobre as alterações climáticas nas zonas rurais (região agro-ecológica V) em relação à agricultura parece ser superficial, uma vez que está divorciada das realidades vividas e da situação no terreno no Zimbabué. Esta secção da investigação procura reexaminar os trabalhos anteriores que foram realizados. Também toma em consideração as tecnologias de adaptação às alterações climáticas como meio de mitigar ou adaptar-se às alterações climáticas e a outros problemas ambientais com elas relacionados. É sabido que o tema das alterações climáticas tem recebido uma boa parte da atenção dos académicos. No entanto, ainda existem lacunas de conhecimento sobre a análise exaustiva do impacto das tecnologias de adaptação às alterações climáticas na segurança alimentar

### 2.2 Quadro de gestão do risco

Este estudo utilizou o quadro de gestão do risco. A gestão do risco é definida como a cultura, o processo e a estrutura orientados para a concretização de oportunidades potenciais, gerindo simultaneamente os efeitos adversos das alterações climáticas. De um modo geral, o risco é medido (estatisticamente e não estatisticamente) como uma probabilidade conjunta de um acontecimento e das suas consequências (Carter et al., 2007; Mills 2003; Fisher et al., 2007). A abordagem de gestão do risco foi resumida por Nakiconovic et al. (2007) e incorpora os seguintes elementos: um quadro útil para a tomada de decisões, não se baseia numa única realização do clima futuro, utilização potencial de métodos de regionalização para cenários climáticos e socioeconómicos, análise da capacidade de adaptação e medidas de adaptação (Smit e Wandel, 2006), para mencionar apenas alguns. O tipo e o nível adequados de adaptação numa base de custo-benefício (análise) envolvem um processo iterativo de gestão de riscos e estão intrinsecamente ligados à tomada de decisões dos agricultores ao longo do canal de adaptação. O custo da mitigação é considerado juntamente com os benefícios da adaptação e o impacto prejudicial das alterações climáticas nos níveis de segurança alimentar no distrito de Chivi, utilizando uma abordagem de avaliação integrada (Mills 2003; Fisher et al., 2007).

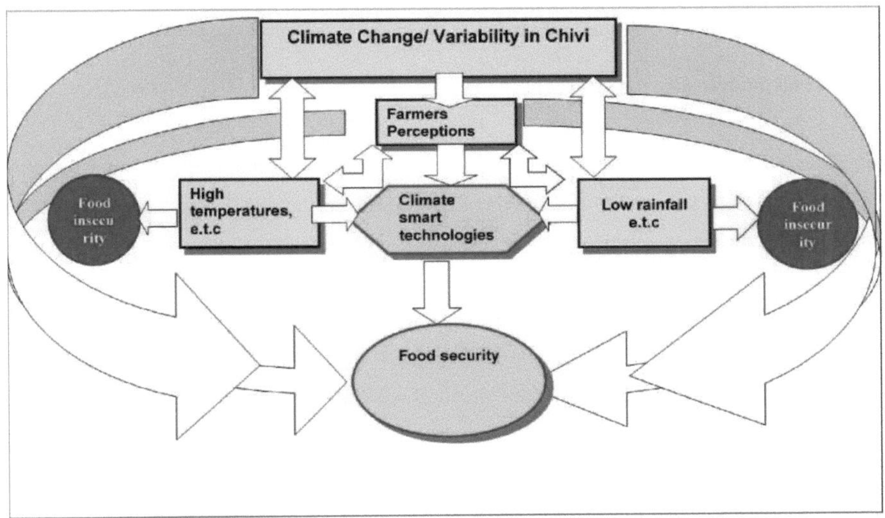


**Figura 2.1: Quadro concetual sobre alterações climáticas e gestão de riscos**

A variabilidade e a mudança do estado do clima ou a dinâmica climática são factores-chave dos ambientes sociais e biofísicos (Carter et al., 2007). As percepções dos agricultores comunitários sobre as alterações climáticas são alteradas pela mudança do estado do clima (ondas de calor, temperaturas elevadas e baixa pluviosidade) no distrito de Chivi. Quando os agricultores percebem que a mudança climática está a acontecer, a sua capacidade de adaptação é geralmente maior do que a daqueles que não a percebem. As percepções dos agricultores comunitários dão espaço para;

- Identificação de riscos, identificação de quem e o que está em risco devido às alterações climáticas, factores climáticos chave que contribuem para o risco de insegurança alimentar no distrito de Chivi, bem como níveis de risco aceitáveis.
- Análise de risco, os agricultores comunitários de Chivi analisam as consequências potenciais e a probabilidade destes acontecimentos desfavoráveis, como a vaga de calor que está a ocorrer na região
- Avaliação dos riscos, avaliação/priorização das opções de adaptação e de atenuação em função da exposição do agricultor, análise do período de retorno potencial.
- Tratamento dos riscos, experimentar e testar a tecnologia de adaptação às alterações climáticas selecionada, monitorizar e reavaliar para expor os riscos potenciais

O nível de impacto que as alterações climáticas têm na segurança alimentar e a vulnerabilidade tem um efeito direto ou indireto na segurança alimentar das famílias no distrito de Chivi.

## 2.3 Teorias da adaptação e da vulnerabilidade

Uma vez que o quadro de gestão do risco não foi desenvolvido num vácuo. O investigador pretende iluminar as raízes intelectuais do quadro de avaliação do risco. Este está enraizado na teoria da adaptação, que exige que se considere mais do que apenas o processo social. Uma vez que o foco está nas tecnologias de adaptação às alterações climáticas, o investigador alarga o âmbito da investigação para além do processo e das acções sociais, uma vez que a relação com o ambiente natural é crucial. Parece haver muitas escolas de pensamento em relação às alterações climáticas. No entanto, este estudo centra-se no impacto das tecnologias de adaptação às alterações climáticas na segurança alimentar e subscreve teorias que reconhecem a existência de alterações climáticas (Wolf et al., 2010; Brown, 2011; Bours et al., 2014). As teorias de adaptação e vulnerabilidade serão apoiadas por uma análise aprofundada dos dados existentes, particularmente sobre a precipitação nos últimos 30-40 anos. Para além das teorias e da literatura de apoio às alterações climáticas, o estudo faz referência às teorias da adaptação e da vulnerabilidade (wolf et al., 2010; Osberghaus 2013). O estudo também reconhece e utiliza teorias que procuram definir e explicar a vulnerabilidade.

A vulnerabilidade, tal como definida pelo IPCC (Painel Intergovernamental sobre as Alterações Climáticas), é "o grau em que um sistema é suscetível ou incapaz de fazer face aos efeitos adversos das alterações climáticas, incluindo a variabilidade e os extremos climáticos. A vulnerabilidade é uma função do carácter, da magnitude e da taxa de variação climática a que um sistema está exposto, da sua sensibilidade e da sua capacidade de adaptação" (IPCC TAR, 2001; McNeeley, 2014; Osberghaus 2013; Funfgeld, 2011). Compreender quais as variedades de culturas mais vulneráveis e porquê é necessário para desenvolver estratégias de adaptação eficazes. Este processo é muitas vezes referido como uma avaliação da vulnerabilidade. O objetivo de uma avaliação da vulnerabilidade é descrever os seguintes elementos: exposição, sensibilidade e capacidade de adaptação às alterações climáticas. Uma avaliação da vulnerabilidade fornece a base científica para o desenvolvimento de estratégias de adaptação às alterações climáticas e utiliza informações sobre cenários climáticos futuros com informações ecológicas sobre a sensibilidade climática e a capacidade de adaptação para ajudar os agricultores comunitários a antecipar a forma como as variedades ou o sistema são susceptíveis de responder sob as condições projectadas de alterações climáticas (Gitay et al., 2002; Osberghaus 2013; Funfgeld, 2011). A intensidade dos impactos depende do nível de vulnerabilidade e, por isso, é importante criar resiliência e uma forte capacidade de adaptação e mitigação, de modo a garantir uma produção alimentar eficaz em Chivi e aumentar a segurança alimentar na zona.

De acordo com Gitay et al. (2002), a gestão adaptativa pode ser uma ferramenta importante para tomar decisões de adoção de tecnologia com informação incompleta e elevados níveis de incerteza no âmbito das alterações climáticas. medida que as agências se debatem com problemas associados às alterações climáticas com orçamentos cada vez mais limitados, a flexibilidade da gestão adaptativa permite-lhes adquirir continuamente novas informações para a tomada de decisões sem adiar indefinidamente as acções necessárias (IPCC TAR, 2001; Gitay et al., 2002).

## 2.4 Percepções sobre as alterações climáticas

Sabe-se que as percepções do público sobre as alterações climáticas diferem de região para região e têm flutuado ao longo do tempo. Na literatura encontram-se numerosas caracterizações plausíveis destas variações e explicações para as mesmas. No entanto, ainda não surgiu uma imagem clara das principais tendências e padrões que se verificaram no último quarto de século ou dos factores subjacentes a essas mudanças

### 2.4.1 Expectativas sobre as alterações climáticas

A revisão da literatura mostra que as alterações climáticas se tornaram uma situação difícil que exige atenção urgente de todos os grupos, estados ou organizações. Representam grandes ameaças para a humanidade, uma vez que os efeitos adversos incluem o esgotamento dos recursos hídricos, o declínio dos níveis de segurança alimentar, o aumento de doenças transmitidas por vectores e condições meteorológicas instáveis (Estratégia Nacional de Resposta às Alterações Climáticas do Zimbabué, 2013; Butler, 2009). Uma das principais causas das alterações climáticas é a agricultura, que é responsável por cerca de 17% das emissões mundiais de gases com efeito de estufa (GEE), tornando-se assim a principal causa a seguir ao sector da energia (Butler, 2009; Lovera, 2009; Jenkins et al., 2009;). Prevê-se que a África Austral seja particularmente afetada pelas alterações climáticas, projectando-se uma diminuição de 40% da precipitação em áreas críticas nos próximos 70 anos e uma quebra da produtividade do milho de até 30% até 2030. A elevada variabilidade das condições agro-climáticas, dos sistemas agrícolas e dos meios de subsistência rurais no Zimbabué representam um desafio para a criação de tecnologias de adaptação às alterações climáticas adaptadas localmente.

### 2.4.2 Aumento da temperatura nacional

De um modo geral, prevê-se que o Zimbabué, enquanto nação, se torne mais quente até à década de 2080, podendo a temperatura média anual em todo o mundo aumentar entre 2°C para o cenário de baixas emissões e 3,5°C para o cenário de altas emissões (Jenkins et al., 2009; Kaman, 2010). O que é inevitável agora é que o mundo está a ficar mais quente (Jenkins et al., 2009, Manjengwa et al., 2014 e Kaman, 2010). Prevê-se que o aquecimento seja maior no sudeste do que no noroeste e em

Lowveld, e que o aquecimento seja maior no verão do que no outono do que no inverno e na primavera. Na década de 2080, no cenário de emissões elevadas, partes do sudeste poderão estar até 5% mais quentes no verão. Prevê-se que as temperaturas elevadas no verão se tornem mais frequentes e que os Invernos muito frios sejam cada vez mais raros (Jenkins et al., 2009, Manjengwa et al., 2014; Kaman, 2010).

Juntamente com o aumento da temperatura média global, os modelos de alterações climáticas globais prevêem um aumento futuro da frequência e da magnitude de episódios súbitos de temperaturas extremas (Coumou e Rahmstorf, 2012). O aumento da frequência das vagas de calor observado nos últimos anos (Meehl e Tebaldi, 2004, Chase et al., 2006, Gershunov et al., 2009) exemplifica estas flutuações de temperatura previstas. Embora exista um conjunto substancial de informações sobre a resposta das árvores à alteração da temperatura média global, os padrões na agricultura têm sido largamente inexplorados. Uma mudança a curto prazo para uma temperatura mais elevada provocou uma alteração no crescimento das comunidades herbáceas (De Boeck et al., 2011, Dreesen et al., 2012)

### 2.4.3 Aumento da temperatura no Zimbabué

Os registos de temperatura do Zimbabué começaram em 1897 em Harare e Bulawayo. Os registos fiáveis da temperatura à superfície para todo o país remontam a julho de 1923, quando a tela convencional de Stevenson substituiu os abrigos dos termómetros. Vários relatórios de investigação mostram que o Zimbabué está a registar mais dias quentes e menos dias frios do que no início do século passado (Aguilar et al., 2009). A temperatura média anual da superfície do país registou um aumento de cerca de 0,4°C entre 1900 e 2000. A temperatura máxima média nacional aumentou cerca de 1°C durante o mesmo período. O período de 1980 até à data foi o mais quente de que há registo (relatório de base do Governo do Zimbabué sobre as alterações climáticas, 2012), o que também prova a existência de alterações climáticas no Zimbabué

**2.4.4 Variabilidade climática intra-sazonal** Um estudo realizado na Tanzânia em 2011 indica que, até 2050, os aumentos projectados da temperatura sazonal em 2°C reduzem os rendimentos médios do milho, sorgo e arroz em 13%, 8,8% e 7,6%, respetivamente. Também um aumento de 20% na variabilidade da precipitação intra-sazonal reduz os rendimentos agrícolas em 4,2%, 7,2% e 7,6%, respetivamente, para o milho, sorgo e arroz (Pedram et al., 2011; Brown, 2009; Rosenzweing e Hillel, 2006). Um estudo de séries temporais na zona norte de Showa, na Etiópia (2012), indica que a produção alimentar enfrenta graves desafios devido às alterações climáticas. As perdas anuais de produção devido à variabilidade climática aumentam significativamente de ano para ano (Moreland e Smith, 2012). Um estudo realizado na Etiópia para prever as necessidades e o consumo de alimentos até 2050 baseou-se em três cenários. O primeiro cenário baseia-se na ausência de alterações climáticas e num elevado crescimento populacional; as necessidades e o consumo de alimentos serão de 2322 e 2160 kcal per capita por dia, respetivamente. O segundo cenário baseia-se na presença de alterações climáticas e de um elevado crescimento demográfico, o que conduzirá a 2296 e 1788 kcal per capita por dia de necessidades alimentares e de consumo, respetivamente. E o terceiro cenário baseia-se nas alterações climáticas e no baixo crescimento populacional, o que conduzirá a 2322 e 2192 kcal per capita por dia de necessidades alimentares e de consumo, respetivamente (Brown, 2009).

### 2.4.5 Alterações climáticas nos países em desenvolvimento

Há uma proliferação de literatura disponível sobre os países em desenvolvimento, particularmente em África, que se prevê serem os mais afectados pelas alterações climáticas (Manjengwa et al., 2014; Neufeldt et al., 2013; Ellis et al., 2008). O Banco Mundial, a OMC e outras organizações argumentam que estes países terão de depender cada vez mais do comércio internacional para garantir alimentos suficientes à medida que os seus próprios níveis de produção diminuem. Ignoram a contribuição do comércio de produtos agrícolas para o aumento das emissões de gases com efeito de estufa. Tanto o comércio como a produção agrícola industrializada estão fortemente dependentes dos combustíveis fósseis e, por conseguinte, aumentam as emissões de gases com efeito de estufa e agravam as alterações climáticas. Há necessidade de mais investigação sobre as emissões da agricultura orientada para a exportação, incluindo o processamento, a embalagem, o armazenamento e o transporte (Ellis et al., 2008, Manjengwa et al., 2014).

### 2.4.6 Questões de governação

A questão do ambiente, nomeadamente das alterações climáticas, tem sido atual. O protocolo de Quioto foi concebido especificamente para fazer face à questão das alterações climáticas globais e encontrar respostas adequadas para desafiar as quantidades cada vez maiores de dióxido de carbono e outros gases com efeito de estufa emitidos para a atmosfera pelos países que subscreveram os princípios de Quioto (Manjengwa et al., 2014, Mutema, 2007 e Chenje et al., 1998). As tendências actuais das alterações climáticas globais e os esforços desenvolvidos para as travar estão a ser ameaçados pelo seu incumprimento, pelo que o ambiente continua a sofrer pressões ambientais extremas e outros fenómenos meteorológicos, como secas, perturbações ecológicas e da biodiversidade (Rosenzweing e Hillel, 2006).

## 2.5 Implicações das tecnologias de adaptação às alterações climáticas na segurança alimentar

### 2.5.1 A CCAT apoia a segurança alimentar

De acordo com Lipper et al., (2014), as tecnologias de adaptação às alterações climáticas são uma abordagem para transformar e reorientar o sistema agrícola para apoiar a segurança alimentar sob as novas realidades das alterações climáticas. As alterações generalizadas nos padrões de precipitação e temperatura ameaçam a produção agrícola e aumentam a vulnerabilidade das pessoas que dependem da agricultura para a sua subsistência, o que inclui a maioria dos países pobres do mundo, como o Zimbabué e outras nações da África Subsariana (Lipper et al., 2014, Nuefeldt, 2013). As alterações climáticas perturbam os mercados alimentares, colocando em risco o abastecimento alimentar de toda a população. As ameaças podem ser reduzidas aumentando a capacidade de adaptação dos agricultores, bem como a resiliência e a eficiência da utilização dos recursos nos sistemas de produção agrícola. As tecnologias de adaptação às alterações climáticas diferem das abordagens "business-as-usual", ao sublinharem a capacidade de implementar soluções flexíveis e específicas ao contexto, apoiadas por políticas inovadoras e acções de financiamento (Lipper et al., 2014).

### 2.5.2 Tecnologias de adaptação às alterações climáticas na agricultura

Embora, em princípio, apenas as práticas agrícolas que englobam todas as componentes das tecnologias de Adaptação às Alterações Climáticas devam ser classificadas como "inteligentes em termos climáticos", o termo tem sido utilizado de forma muito liberal porque não é claro como as diferentes dimensões interagem (Neufeldt, 2013, Jahn et al., 2013; Campbell et al., 2013). Por conseguinte, praticamente qualquer prática agrícola que melhore a produtividade ou a utilização eficiente de recursos escassos pode ser considerada inteligente do ponto de vista climático devido aos potenciais benefícios em termos de segurança alimentar, mesmo que não sejam tomadas medidas diretas para contrariar os efeitos climáticos prejudiciais (Neufeldt, 2013, Jahn et al., 2013; Campbell et al., 2013).

Além disso, de acordo com Campbell et al. (2013), praticamente todas as práticas agrícolas que reduzem a exposição, a sensibilidade ou a vulnerabilidade à variabilidade ou às alterações climáticas, por exemplo, a recolha de água, o terraceamento, a cobertura morta, as culturas tolerantes à seca, as acções comunitárias, para mencionar apenas algumas, são tecnologias de adaptação às alterações climáticas, porque aumentam a capacidade dos agricultores para lidar com os extremos climáticos (Jahn et al., 2013; Neufeldt, 2013). Do mesmo modo, as práticas agrícolas que sequestram o carbono (reduzem o nível de carbono) da atmosfera, por exemplo, a agrossilvicultura, a lavoura mínima, reduzem as emissões agrícolas através da gestão do estrume, da instalação de biogás, da redução da conversão de florestas e pastagens ou melhoram a eficiência da utilização dos recursos (por exemplo, raças de culturas e de gado de maior produtividade, melhor gestão das culturas e da criação de animais) podem ser consideradas inteligentes do ponto de vista climático, porque contribuem para abrandar o ritmo das alterações climáticas (Neufeldt, 2013).

### 2.5.3 O valor das terras aráveis

Num estudo em que também utilizaram informações de 2000 agricultores da América do Sul, a literatura revela que o valor das terras aráveis diminuirá à medida que a temperatura e a precipitação aumentam, exceto nos casos em que existe irrigação. No cenário climático extremo, os agricultores perderão 14% do seu rendimento até 2020, 20% até 2060 e 53% até 2100 (Seo e Mendelsohn 2008b; WB Cameroon, 2012). A perspetiva teórica indica que as pequenas parcelas de terra são altamente vulneráveis, e as grandes são mais sensíveis a um aumento da precipitação e da temperatura. Os estudos prevêem que tanto as terras secas como as irrigadas perderão mais de 50% do seu rendimento até 2100 (Seo e Mendelsohn 2008b; WB Cameroon, 2012).

### 2.5.4 Degradação e poluição dos solos

Os estudos analisados indicam que a agricultura está a enfrentar graves problemas a nível mundial, como a degradação das terras e a poluição dos recursos hídricos. A situação agrava-se quando se consideram fenómenos como as alterações climáticas. Uma das consequências diretas das alterações climáticas, incluindo o aumento da temperatura e as variações na precipitação, e da degradação do solo é a pressão que criam e exercem sobre a segurança alimentar, causando uma redução na oferta mundial de alimentos e levando a preços mais elevados (Ramirez et al., 2013, Melillo et al., 1993; Atyi, 1998).

### 2.5.5 Alterações climáticas que destroem as florestas e os produtos florestais não lenhosos

Os estudos revelam que as alterações climáticas estão a afetar a vegetação florestal, alterando a distribuição geográfica das espécies de árvores, causando assim variabilidade na produção de árvores e destruição da biodiversidade (Melillo et al., 1993; MINFOF, 2005; FAO, 2006). É imperativo notar que as áreas florestais nos Camarões cobrem 47% do território nacional, o que constitui um reservatório significativo de alimentos e meios de subsistência para as comunidades florestais. A exploração da madeira, uma atividade maioritariamente gerida por homens, é responsável por 12% das exportações de produtos de madeira dos Camarões (WB Cameroon, 2012; Melillo et al., 1993;

MINFOF, 2005; FAO, 2006), 20% das receitas de exportação, 6,7% da contribuição para o Produto Nacional Bruto (PNB), empregando cerca de 33 000 pessoas - com base nas estatísticas de 1995/1996 (Atyi, 1998; Melillo et al., 1993; MINFOF, 2005; FAO, 2006). As mulheres nas zonas florestais recolhem produtos florestais não lenhosos que são vendidos transformados ou no seu estado colhido como uma fonte estável de subsistência (MINFOF, 2005). Além disso, a parte sul dos Camarões situa-se parcialmente na área florestal da Bacia do Congo, que é um dos pulmões do nosso planeta Terra e um importante sumidouro de carbono, depois da floresta da Bacia Amazónica e da bacia florestal do Mekong do Bornéu, que é menos maciça em tamanho. Uma das principais ameaças que expõem estes vestígios de vida selvagem e diversidade vegetal às alterações climáticas e aos seus efeitos devastadores é a desflorestação. A desflorestação é responsável por 25% a 30% dos gases com efeito de estufa libertados anualmente na nossa atmosfera, o que equivale a 1,6 mil milhões de toneladas (FAO, 2006; WB Cameroon, 2012; Melillo et al., 1993; MINFOF, 2005).

### 2.5.6 Tensões no comércio agrícola e alterações climáticas

Uma análise da literatura revela uma série de tensões significativas. Por um lado, defende-se um papel mais importante para o comércio, a fim de assegurar um abastecimento alimentar adequado aos países susceptíveis de serem afectados pelas alterações climáticas (Nhira et al., 1998 e Koppell, 1990; Bradley, 1992). Além disso, alguns países em desenvolvimento são responsáveis por uma parte significativa e crescente do comércio agrícola e alguns autores argumentam que isso é vital para o desenvolvimento económico, o crescimento do rendimento e o emprego. Por outro lado, o comércio está associado a custos ambientais significativos que estão a minar a segurança alimentar e, por isso, outros autores defendem um papel menor para o comércio, a fim de reduzir a degradação dos solos e atenuar as alterações climáticas (Nhira et al., 1998 e Koppell, 1990; Bradley, 1992).

### 2.5.7 Relação entre CCAT e segurança alimentar

A compreensão da relação entre a utilização de tecnologias climaticamente inteligentes e a segurança alimentar é fundamental para uma compreensão completa da dinâmica das alterações climáticas (Campbell, 1996; Nhira et al., 1998; Koppell, 1990). Este argumento fornece um tema das questões em discussão e proporciona uma plataforma sólida a partir da qual se pode explorar o valor e a utilização das tecnologias climaticamente inteligentes.

As tecnologias agrícolas inteligentes são de extrema importância para as economias rurais e, como tal, constituem uma forma de subsistência rural (FAO, 1996; Bradley, 1992). A agricultura fornece recursos para medicamentos, alimentos e outras matérias-primas industriais, como o algodão (Bradley, 1992). Pode deduzir-se da lista acima que os recursos agrícolas apoiam a vida das populações rurais através da satisfação de necessidades básicas como a alimentação e os recursos financeiros. Estudos realizados no Zimbabué, nos vales do Chivi e do Zambeze, confirmam que os alimentos agrícolas sob a forma de frutos são vitais para fins nutricionais, durante a estação seca, para os pobres, as crianças e as mulheres. Esta situação está a ser cercada devido às alterações climáticas (Bradley, 1992).

### 2.5.8 Indicadores de alterações climáticas

Existe consenso científico na literatura sobre as alterações climáticas e espera-se que tenham um impacto substancial na segurança alimentar (Zewdie, 2014; Manjengwa et al., 2014). A literatura indica que as componentes climáticas como a temperatura, a precipitação, a concentração de dióxido de carbono ($CO_2$) e os fenómenos climáticos extremos têm um efeito sobre as componentes da segurança alimentar. O Zimbabué é uma das regiões mais gravemente afectadas pelas alterações climáticas, onde a maioria da população depende de actividades económicas sensíveis ao clima, como a agricultura (Zewdie, 2014).

## 2.6 Desafios da adaptação às alterações climáticas

### 2.6.1 Falta de recursos

A humanidade tem vindo a adaptar-se a todos os tipos de condições, especialmente às condições climáticas, e tem-no feito com relativo sucesso até à data. As sociedades humanas continuarão a fazê-lo em resposta aos potenciais impactos adversos das alterações climáticas (Argawara e Carraro, 2010, Huq, 2015). No entanto, a sua capacidade de adaptação pode ser afetada pela falta de recursos. A literatura indica que a questão do financiamento desempenha um papel importante na definição das prioridades das medidas de adaptação.

Teoricamente, deve ser dada prioridade à implementação de medidas de adaptação economicamente viáveis . No entanto, certas medidas de adaptação que são prioritárias de um ponto de vista político podem não ser economicamente viáveis (Argawara e Carraro, 2010; Huq, 2015). No entanto, o financiamento adicional pode ser difícil ou mesmo impossível de obter. Um território pode encontrar-se numa situação em que é confrontado com custos extremamente elevados e não dispõe de meios para os pagar. É o caso dos países em desenvolvimento e, em especial, dos países menos desenvolvidos, com poucos recursos financeiros, que sofrerão a maior parte dos efeitos indesejáveis das alterações climáticas e terão necessidades de adaptação particularmente prementes (Argawara e Carraro, 2010).

### 2.6.2 Os agricultores têm demasiada fome para se adaptarem

Os agricultores comunais dos países em desenvolvimento que passam fome durante longos períodos de tempo, nalguns casos até metade do ano, não conseguem encontrar formas de se adaptarem a uma precipitação cada vez mais irregular. A literatura ilustra que, mesmo antes da grave seca de 2000 a 2009 na África Subsariana, os agricultores comunais sem alimentos não podem realmente inovar (Kristjanson 2010; Shimizu, 2014; Shimizu, 2014). O Climate Change Agricultural and food security (CCAFS) realizou um inquérito que concluiu que as famílias que lutam para alimentar as suas famílias ao longo do ano não estão em boa posição para investir em novas práticas que incluem custos e riscos mais elevados. A incapacidade de adaptação contribui para a insegurança alimentar (Kristjanson 2010; Shimizu, 2014; Shimizu, 2014). Portanto, é fundamental que aprendamos mais sobre os factores que permitem e facilitam a inovação e como reduzir os custos e barreiras frequentemente ocultos associados à mudança de práticas agrícolas e à adoção de tecnologias de adaptação às alterações climáticas no distrito de Chivi. Por conseguinte, foi realizada uma investigação para descobrir se os pequenos produtores e outros agricultores comunitários em Chivi foram capazes de incorporar informações, mensagens e programas de tecnologias climáticas (Shimizu, 2014).

### 2.6.3 Percepções erradas dos agricultores

A literatura indica que os agricultores podem aperceber-se de vários Verões quentes, mas que, racionalmente, os atribuem a uma variação aleatória num clima estacionário (Kolstad et al., 1999, Maddison, 2006). A investigação académica distingue entre o custo de adaptação, quando todos os ajustamentos desejados tiverem sido feitos e as expectativas já não estiverem atrasadas em relação à realidade, e o custo de transição, que é melhor explicado da seguinte forma: o custo de adaptação é a diferença entre o valor máximo da receita líquida por acre avaliada no clima atual e no clima futuro perfeitamente percebido. O custo de transição é a diferença entre os valores máximos das receitas líquidas efetivamente explicados pelas receitas, uma vez que as expectativas quanto à evolução do clima estão atrasadas em relação à realidade. Se os agricultores pudessem, em cada momento, prever corretamente as alterações climáticas, não haveria perdas transitórias.

### 2.6.4 Ignorância do agricultor

Os estudiosos concordam que a adoção de tecnologias climaticamente inteligentes e de outras tecnologias de adaptação às alterações climáticas pode ser afetada pela total ignorância do impacto das alterações climáticas (Lecacq e Shalizi 2007; Reckien et al., 2008). Neste caso, nem sequer os meios de adaptação necessários são conhecidos pelos agricultores. Embora possa haver uma vaga consciencialização do problema, a adaptação é dificultada com base nos meios em falta, em termos de conhecimento individual sobre os impactos ou devido a condições que impedem a consciencialização do problema, como o elevado custo da informação, os hábitos sociais e os padrões normativos (Fussel, 2007a; Lecacq e Shalizi 2007; Reckien et al., 2008). Esta situação dificulta a adaptação, uma vez que a ação não é condicionada pelos meios limitados disponíveis.

### 2.6.5 Limitações gerais à adaptação dos agricultores às alterações climáticas

A literatura apresenta quatro temas relativos à adoção de tecnologias de adaptação às alterações climáticas, que estão ligados à escassez de recursos e à alteração de preços, que a taxa de adoção é afetada pelo custo de aprendizagem e que a adoção de tecnologias e a aversão ao risco estão ligadas. A literatura também indica que o limite máximo de adoção é determinado pelas condições agro-climáticas, caraterísticas topográficas e disponibilidade de água (Somda et al., 2002; Hintze, 2003; Maddison, 2006). Enquanto a investigação nacional sobre as mudanças climáticas devidas aos gases de estufa data dos finais dos anos 70, relativamente pouca atenção foi dada aos potenciais impactos na segurança alimentar no distrito de Chivi até ao século XXI. As primeiras tentativas de investigar o potencial impacto das mudanças climáticas na segurança alimentar reportam uma série de limitações mencionadas acima.

## 2.7 Resumo do capítulo

A revisão da literatura resume os múltiplos efeitos das alterações climáticas e das tecnologias climaticamente inteligentes na segurança alimentar. A revisão da literatura esclareceu as questões inerentes associadas às TCA e às MC em relação à segurança alimentar no Zimbabué. A literatura disponível sobre segurança alimentar e alterações climáticas carece de soluções claras a longo prazo. Há uma procura crescente de alimentos enquanto a produção alimentar está a falhar. A revisão da literatura identifica uma série de conceitos críticos sobre as Tecnologias de Adaptação às Alterações Climáticas (TAC) e o que também está a emergir é o facto de que parece não haver consenso sobre o caminho correto que as TAC tomaram. Como tal, deve ser dada uma ênfase contínua às formas como os problemas das alterações climáticas na agricultura podem ser mitigados ou reduzidos para permitir uma produção alimentar subsistente viável nas zonas rurais.

# CAPÍTULO 3

## 3.0 Introdução

O capítulo anterior centrou-se na revisão da literatura sobre as alterações climáticas, focando o desenvolvimento de tecnologias de adaptação às alterações climáticas e a perceção dos agricultores comunitários sobre as alterações climáticas, para além das várias escolas de pensamento relacionadas com as tecnologias de adaptação às alterações climáticas e as iniciativas de tecnologias inteligentes para o clima a nível internacional e regional. Este capítulo limita-se ao projeto CCAT em Chivi, dando detalhes específicos do distrito. O capítulo deu uma visão geral do local de estudo, da conceção da investigação, dos métodos e do processo de análise de dados

## *3.1* Questões metodológicas

Para poder recolher os dados necessários e testar a hipótese, o investigador utiliza métodos qualitativos e quantitativos, ou seja, o investigador utiliza a triangulação metodológica. A flexibilidade da investigação com métodos mistos e a adaptabilidade de diferentes métodos a arcos de investigação cada vez mais alargados é um dos seus maiores pontos fortes (Garza, 2007:338). O investigador desenvolveu uma estratégia de investigação multimétodo que apoia a natureza explicativa e descritiva da investigação, a fim de abordar com êxito os objectivos deste estudo. A investigação quantitativa ajuda a desvendar a avaliação do impacto do clima e da segurança alimentar. Uma vez que a intervenção CCAT é em si mesma uma experiência com formas alternativas de adaptação às alterações climáticas, a sua implementação apresenta ao investigador uma oportunidade ideal para compreender melhor os efeitos das tecnologias climaticamente inteligentes na segurança alimentar.

## *3.2* Área de estudo

A pesquisa abrange as duas alas do distrito rural de Chivi. A Figura 3.1 apresenta o distrito nos seus três círculos eleitorais respectivos, ou seja, Chivi central, Chivi norte e Chivi sul. Uma vez que o distrito de Chivi tem muitas circunscrições, as circunscrições 10 e 13 foram propositadamente selecionadas para este estudo. Ao selecionar a área de estudo, o investigador teve em conta duas considerações importantes que são os recursos financeiros e de tempo que limitaram o investigador a estas duas alas. Chivi é uma zona rural no Zimbabué que se situa a cerca de 388 quilómetros da capital, Harare, e perto do centro de Chivi (200 15's, $30^0$ 30'E). A bacia hidrográfica cobre 5,9 $km^2$ da bacia hidrográfica de Lundi/Runde. Takavarasha e Muzvidziwa situam-se na região agro-ecológica V e recebem uma precipitação média de 545 mm por ano, com um mínimo de 83 mm e um máximo de 1160 mm (Mugabe 2005). Geralmente, a área é caracterizada por escassez de água durante a estação seca e anos secos com secas intermitentes a meio da estação em janeiro (Mugabe 2005). A agricultura é a atividade de subsistência dominante na área. Os agricultores dependem principalmente da agricultura de sequeiro. A população está estimada em mais de 154520 pessoas (Agência Nacional de Estatística do Zimbabué 2012).

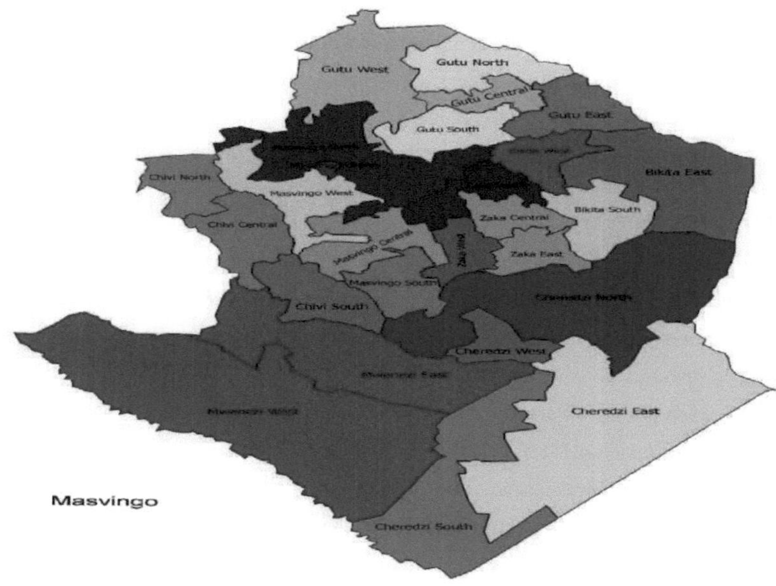


**Figura 3.1: Fonte: Mugabe (2005)**

### *3.3 Amostragem e seleção da área de estudo*

A área de estudo foi convenientemente selecionada de modo a melhorar a fiabilidade dos dados do campo, uma vez que a área está suficientemente próxima para que o investigador possa fazer um acompanhamento para obter clareza em áreas que são vagas. Há dois factores principais que informaram o método de amostragem acima mencionado, que são as caraterísticas da área em relação aos objectivos da investigação e as questões que estavam a ser investigadas. O investigador considerou uma série de factores ao selecionar propositadamente o local, a área cai na região agro-ecológica (V) que é vulnerável a variações no clima e padrões de precipitação; factores socioeconómicos como a pobreza relativa devido ao espaço limitado para a agricultura.

### 3.3.1 Inquiridos do estudo

#### 3.3.1.1 Inquiridos para o questionário

Os inquiridos que foram entrevistados durante a recolha de dados eram de duas aldeias selecionadas nas áreas de Chivi. Estes incluem extensionistas, chefes de aldeia, chefes e outras pessoas com conhecimentos (tais como professores de agricultura nos níveis primário e secundário). Os participantes da pesquisa foram selecionados aleatoriamente. Este método de amostragem foi utilizado para garantir que cada membro da população tenha oportunidades iguais de participar na investigação. Este é o processo de amostragem mais eficaz e eficiente. Para utilizar a amostragem aleatória, o entrevistador definiu a população e depois selecionou os membros para formar uma amostra.

#### 3.3.1.1 Inquiridos para as discussões em grupo e informadores-chave

Foram utilizadas várias técnicas de amostragem em diferentes fases do processo de investigação. A população-alvo deste estudo foi constituída por agricultores e especialistas em geografia e agricultura. Diferentes partes interessadas envolvidas na implementação de iniciativas de tecnologias de adaptação às alterações climáticas também fizeram parte dos inquiridos visados. A seleção dos inquiridos foi feita através de amostragem aleatória intencional, juntamente com o seu subconjunto, que é a bola de neve. Para tal, foi utilizada informação relevante relacionada com o fenómeno em estudo. Com a amostragem intencional, apenas foram selecionados os participantes nas iniciativas CCAT. A amostragem intencional é quando o investigador começa com um objetivo em mente e a amostra é assim selecionada para incluir participantes de interesse (Evan, 2007). Também se utilizou o método de bola de neve para identificar potenciais inquiridos, nomeadamente informadores-chave. As referências através da bola de neve foram bastante úteis para localizar potenciais inquiridos.

### 3.3.2 Quadro de amostragem

A abordagem mais ampla de recolha de amostras representativas e estatisticamente significativas, transversal a todas as aldeias selecionadas na área de estudo.

## Quadro 3.1: amostra total sensível ao género N=50

| Village | Male participants | Female participants | Total |
|---|---|---|---|
| 1 | 20 | 10 | 30 |
| 2 | 8 | 12 | 20 |

**Fonte:** criação própria

**3.4 A identidade do investigador** Os académicos continuam a reiterar o facto de que a realização de uma investigação é um empreendimento de risco em que o investigador tem de estar mais do que preparado para entrar no campo que condiciona o ambiente de investigação (Murombedzi 1994, Moore, 2001). Moore (2001) atesta que abrir caminho para a investigação científica também requer, por vezes, a adoção de identidades múltiplas, especialmente num ambiente em que existem gatekeepers ou outras partes interessadas. Os gatekeepers pretendiam controlar o fluxo de informação, mesmo quando esta estava longe do campo de investigação, e controlavam o acesso do investigador à informação.

Na minha pesquisa, fiquei envolvido nos debates e construções sociais de ser e tornar-se um "forasteiro" na área de Chivi. As minhas identidades e posicionamentos variáveis tornaram-se parte de uma dança delicada no local de pesquisa, onde os entrevistados exerciam o seu poder de formas que abriam ou fechavam portas no terreno (Giampapa 2011). Por exemplo, a polícia na base de Takavarasha (ala 13) levou-me pelo menos uma hora a tentar compreender coisas que já tinham sido aprovadas pelo seu comandante, que enfatizou as leis do Zimbabué como se eu estivesse a ameaçar violar a lei. Consciente da política de investigação, por vezes tive de sacrificar a minha identidade de "investigador" para adotar uma perspetiva interna, de modo a que os participantes me aceitassem melhor como um deles e se tornassem receptivos.

No processo de entrada no terreno, os investigadores estavam munidos de conhecimentos teóricos e metodológicos sobre alterações climáticas, estratégias/tecnologias de adaptação às alterações climáticas e segurança alimentar para concetualizar o que significa "estar" no terreno no que diz respeito a assegurar uma investigação ética e rigorosa (Giampapa, 2011). No entanto, o que "estar" no terreno implica é muito mais complexo em termos da deriva e do fluxo da relação entrevistador-entrevistado no espaço e no tempo. A necessidade de negociar a identidade do investigador em toda a área de trabalho de campo e o impacto que isso tem, não só permitiu o acesso ao local de investigação e aos participantes, mas também em termos da quantidade e qualidade dos dados produzidos, o posicionamento crítico tornou-se uma arma fundamental do investigador no campo. De acordo com Cameron (1992):

> *"Os investigadores não podem deixar de ser pessoas socialmente situadas, trazemos inevitavelmente as nossas biografias e as nossas subjectividades para todas as fases do processo de investigação e isso influencia as questões que colocamos e as formas como tentamos encontrar respostas... a subjetividade do observador não deve ser vista como uma perturbação lamentável, mas como um elemento da interação humana que constitui o nosso objeto de estudo"*

No terreno, o investigador utilizou o que é conhecido como "desconstrutivismo" do investigador, segundo o qual o investigador actua como um estrangeiro que quer conhecer os problemas que estão a ser vividos na zona de Chivi.

Isto proporciona um ambiente propício para as discussões, uma vez que os agricultores comunitários ficaram satisfeitos por educar um estudante universitário.

O investigador tem todas as razões para acreditar que o posicionamento crítico lhe permitiu sondar as questões do CCAT, CC e segurança alimentar que estava a explorar em relação às vozes marginalizadas ou rurais na área de Chivi.

## 3.5 MÉTODOS

### 3.5.1 Questionários

Um questionário é um instrumento utilizado para recolher respostas a perguntas, recolher dados factuais e reunir informações ou medidas. Trata-se de uma série de perguntas escritas numa ordem fixa e racional (ONS, 2005). Foi concebido um questionário para responder a todos os objectivos, respetivamente. As perguntas formuladas variavam entre perguntas informativas ou objectivas sobre factos, perguntas de conhecimento para determinar o que os participantes sabem sobre as alterações climáticas e as estratégias de adaptação às alterações climáticas sobre as quais se procurava obter a sua opinião (Zee, 1999).

O questionário constante do anexo 1 foi compilado em dez secções temáticas:

- Informações gerais sobre o agregado familiar
- Reflexão sobre as alterações climáticas
- Conhecimento e utilização de tecnologias de adaptação às alterações climáticas
- Avaliação da organização e dos grupos de agricultores existentes
- Segurança alimentar das famílias
- Enfrentar a escassez de alimentos
- Diversidade alimentar do agregado familiar
- Escala de acesso à insegurança alimentar do agregado familiar
- Catástrofes, riscos e adaptação às alterações climáticas
- Desafios à adaptação ao risco de catástrofes climáticas

Os questionários foram padronizados tanto para os agricultores comunitários inquiridos como para os entrevistados profissionais, com exceção da redação de algumas perguntas. Por exemplo, aos extensionistas agrícolas foi perguntado: "*Como é que as tecnologias de adaptação às alterações climáticas estavam a ter impacto nos planos de produção agrícola?*" Uma pergunta semelhante para os agricultores foi: "*Como é que as tecnologias de adaptação às alterações climáticas estavam a ter impacto na produção de alimentos/operações agrícolas*?" Esta diferenciação foi feita em reconhecimento dos diferentes papéis que os participantes têm no distrito.

Foi pedido aos participantes que descrevessem os seus conhecimentos sobre as alterações climáticas, o que constituiu uma referência interessante para a forma como responderam às perguntas factuais. Outras perguntas factuais foram retiradas de ideias erradas encontradas noutros inquéritos. Os participantes também foram questionados sobre as mudanças que notaram nos níveis das barragens, na precipitação, no vento e na temperatura, com sugestões de respostas. Foram feitas várias perguntas sobre os impactes das alterações climáticas na segurança alimentar. As perguntas sobre as estratégias de adaptação ao clima também foram feitas para descobrir se os agricultores estão ou não a responder às alterações climáticas. Também foram acrescentadas perguntas sobre o impacto das tecnologias de adaptação às alterações climáticas na segurança alimentar . Foram feitas várias perguntas de compreensão sobre os principais desafios que os agricultores comunitários enfrentam quando tentam adaptar-se às alterações climáticas e quais são as tecnologias que estão a utilizar no clima em mudança. Estas perguntas foram as mais difíceis de conceber, porque dependiam de um certo grau de conhecimento sobre as alterações climáticas e da vontade dos participantes em dedicar algum tempo a responder-lhes.

É evidente que há situações em que o questionário precisa de incorporar as três formas de pergunta, porque algumas formas são mais adequadas para procurar determinadas formas de resposta. Nos casos em que se considera que o inquirido precisa de ajuda para articular as respostas ou dar respostas numa dimensão preferida determinada pelo investigador, também foram utilizadas perguntas fechadas. As perguntas abertas foram utilizadas quando é provável que exista um grande número de respostas diferentes possíveis, por exemplo, tecnologias de adaptação às alterações climáticas, quando se procura uma resposta descrita nas próprias palavras do inquirido e quando não se tem a certeza sobre as opções de resposta possíveis (Crawford, 1990). O tipo misto de pergunta foi vantajoso na maioria dos casos em que a maior parte das potenciais opções de resposta eram conhecidas, em que as respostas espontâneas e estimuladas são valiosas e em que o inquérito permitia respostas imprevistas

De acordo com Sudman e Bradburn (1973), os investigadores devem estar sempre preparados para perguntar: "esta pergunta é realmente necessária?" A tentação de incluir perguntas sem avaliar criticamente a sua contribuição para a realização dos objectivos da investigação, tal como estão especificados nos objectivos da investigação, pode ser surpreendentemente forte. Não foi incluída nenhuma pergunta a não ser que os dados que ela dá origem sejam diretamente úteis para testar as hipóteses estabelecidas relativamente às alterações climáticas e à segurança alimentar.

Há ocasiões em que podem ser incluídas perguntas aparentemente "redundantes": Perguntas de abertura que são fáceis de responder e que não são consideradas "ameaçadoras" ou são consideradas interessantes. O investigador selecionou esta técnica porque pode ajudar muito a obter o envolvimento dos inquiridos no inquérito e a estabelecer uma relação que é necessária para revelar a realidade social (Crawford, 1990). Uma desvantagem do método do questionário é que exige que o investigador tenha um bom conhecimento prévio do assunto (alterações climáticas e segurança alimentar) para gerar opções de resposta realistas ou prováveis antes de imprimir o questionário. No entanto, se este conhecimento for alcançado, o processo de recolha e análise de dados pode ser significativamente facilitado.

### 3.5.2 Recolha de dados secundários

O investigador utilizou os resultados de investigações documentadas por investigadores e académicos anteriores que analisaram as tecnologias de adaptação às alterações climáticas/tecnologias climaticamente inteligentes e a sua contribuição para a segurança alimentar. As fontes secundárias consistiram em documentos/relatórios de projectos sobre alterações climáticas produzidos pela FAO, SNV, CARE e notas de outros investigadores. Um estudo documental de notas de outros guiões de entrevistas de outros investigadores foi útil para identificar as tecnologias de adaptação às alterações climáticas que estão a ser utilizadas pelos agricultores comunitários e os significados que estão associados às iniciativas CCAT. Os documentos foram examinados e forneceram informações secundárias substanciais para o trabalho de campo intensivo, concebido para obter informações mais detalhadas e menos facilmente acessíveis, necessárias para a apreciação completa das implicações da adoção de tecnologias inteligentes para o clima (TAC) para a segurança alimentar. Também foram utilizados relatórios de workshops, tais como o "Gestão Ambiental Urbana" apresentado em Harare em 2006 no workshop do Instituto de Planeadores Regionais do Zimbabué (Toriro, 2006).

### 3.5.3 Entrevista com informadores-chave

Para investigar as percepções dos agricultores comunitários sobre a existência de alterações climáticas no objetivo um (1), foram utilizadas entrevistas com informadores-chave. Nesta tese, os informadores-chave são indivíduos que possuem conhecimentos especiais, estatuto de competências de comunicação, que estão dispostos a partilhar os seus conhecimentos e competências com o investigador e que têm acesso a perspectivas ou observações a que o investigador poderia não ter acesso facilmente (Goetz e Le Compte, 1984). Assim, as entrevistas a informadores-chave são uma ferramenta de investigação interpretativa de valor inestimável, uma vez que são uma forma eficaz de obter a realidade social que não está prontamente disponível para o investigador em relação às alterações climáticas e às tecnologias de adaptação às alterações climáticas (TAC). As entrevistas com informadores-chave foram utilizadas para "acompanhar e dar corpo aos ossos" (Bell, 1999:11) do inquérito inicial e para examinar "as percepções e juízos dos participantes" (Simons, 1996:229).

Foram efectuadas entrevistas a informadores-chave para clarificar a eficácia das tecnologias de adaptação às alterações climáticas para os agricultores de Chivi. Também ajuda o investigador a mapear os problemas causados pelas alterações climáticas que existem na zona. Os dados foram recolhidos principalmente junto de peritos ambientais, em particular as agências de gestão ambiental, funcionários da extensão agrícola, funcionários veterinários e outras partes interessadas que estão envolvidas em práticas agrícolas sustentáveis. No total, foram entrevistados dez informadores-chave, de modo a obter um entendimento diversificado sobre a mitigação e a adaptação a partir das perspectivas dos agricultores, do governo e das ONG. Estes foram selecionados porque são os principais intervenientes envolvidos na formulação e implementação de planos de desenvolvimento nacional sustentável que afectam a utilização de CCAT e a agricultura em geral. Foram elaborados vários guias de entrevista com informadores-chave para as diferentes categorias de entrevistados, a fim de obter informações específicas para responder ao objetivo da investigação:

I. O que são as alterações climáticas e quais são as suas percepções sobre as alterações climáticas em Chivi?

II. Qual é o objetivo das tecnologias de adaptação às alterações climáticas (TAC)?

III. Antes dos projectos CCAT, havia indícios de adaptação às alterações climáticas na região? distrito?

IV. Quais são os possíveis benefícios associados à CCAT em termos de segurança alimentar?

V. Quais são os desafios que impedem os agricultores comunitários de se adaptarem às alterações climáticas?

Para mais pormenores sobre as entrevistas, consultar o apêndice 1-3

A primeira entrevista de informador chave foi realizada com os extensionistas em Chivi no dia 20 de outubro de 2015. A entrevista foi solicitada e, como era a primeira entrevista, o entrevistador estava tenso devido à ansiedade e ao facto de não saber o que esperar dos entrevistados. Por isso, os comentários calorosos de boas-vindas ajudaram. A entrevista foi realizada mais tarde e foi captada uma perceção geral das alterações climáticas. Os extensionistas disponibilizaram ao investigador referências a outros informadores-chave (funcionários dos serviços de saúde). O processo decorreu bem até o investigador recolher dados suficientes sobre o tema em questão.

### 1.1.4 Grupo de discussão

Foram realizadas Discussões de Grupos Focais (FDGs) no centro da ala, nas aldeias de Muzvidziwa e Takavarasha, respetivamente. Estas discussões foram levadas a cabo por um entrevistado excecional selecionado e convidado pelo investigador. O convite foi feito à discrição do entrevistador. Os homens e as mulheres foram divididos em dois grupos separados, o que ajudou a permitir ao investigador obter dos membros da comunidade e dos administradores as questões que os preocupavam. Os grupos separados permitiram que ambos os géneros falassem livremente sobre o tema em questão.

### 1.1.5 Narrativas históricas

A informação histórica e de fundo, particularmente das áreas rurais de Chivi, foi explorada para melhor compreender as mudanças nos padrões de precipitação e percepções ambientais. Através deste processo, o investigador teve acesso a informações que incluem a vegetação, o estado da biodiversidade e outras mudanças em termos de lavoura, tais como a mudança de lavoura zero para lavoura máxima ou vice-versa. O investigador utilizou este método porque compreende que as pessoas são capazes de relacionar o seu conhecimento histórico com o estado atual do ambiente e as mudanças que ocorreram. De acordo com Mutema (2007), as narrações históricas são menos enganadoras e os dados foram cruzados com conhecimentos especializados obtidos de trabalhadores ambientais e de ONGs para fins de fiabilidade.

## 3.6 Análise de dados

### 3.6.1 Análise de dados estatísticos

Os dados recolhidos no terreno através do método do questionário foram codificados utilizando o Census and survey processing system (CSPro) versão 6.1 e analisados utilizando o SPSS versão 20. Esta análise descritiva abrange médias, medianas e outras frequências para fornecer a distribuição das variáveis contextuais. Foi efectuada uma correlação bivariada para determinar se existem ou não variáveis independentes altamente correlacionadas. A análise de regressão logística também foi usada para detetar as capacidades adaptativas e os seus efeitos na segurança alimentar (HDDS, CSI e

MIHFP). Todos os questionários incompletos foram descartados da análise. Foram elaborados quadros estatísticos e gráficos para apresentar os resultados relativos a cada um dos objectivos da investigação.

### 3.6.2 Medidas de segurança alimentar

A Pontuação de Diversidade Alimentar do Agregado Familiar (HHDDS), os Meses de Provisão Alimentar Inadequada do Agregado Familiar (MIHFP) e o Índice de Estratégia de Enfrentamento (CSI) foram usados como medidas de segurança alimentar. Isto foi feito para garantir a análise rigorosa dos dados obtidos no terreno.

### 3.6.3 Pontuação da diversidade alimentar do agregado familiar

A diversidade alimentar é uma medida qualitativa do consumo alimentar que reflecte o acesso de um agregado familiar a uma grande variedade de alimentos e é um indicador da adequação da dieta em termos de nutrientes. Reflecte num instantâneo, a capacidade económica e a capacidade geral de um determinado agregado familiar para consumir uma variedade de alimentos. Assim, perguntou-se aos inquiridos se tinham consumido os seguintes alimentos nas 24 horas anteriores:

> A = Cereais; B = Legumes e tubérculos ricos em vitaminas; C = Raízes e tubérculos brancos; D = F = Frutos ricos em vitamina A; G = Outros frutos; H = Carne; I= Ovos; J = Peixe (fresco ou seco); K = Legumes/nozes; L. Leite e produtos lácteos; M = Óleos/gorduras; N = Doces/açúcar/mel; O= Especiarias, cafeína ou bebidas alcoólicas

As respostas esperadas eram sim = 1 ou não =0. O número total possível de grupos de alimentos consumidos pelos membros do agregado familiar era quinze. Os valores de A a O são 0 ou 1. A pontuação da diversidade alimentar do agregado familiar foi então calculada da seguinte forma:

HDDS (0-15) = Soma (A + B + C + D + E + F + G + H + I + J + K + L +M+N+O)

A informação sobre os produtos alimentares consumidos por um agregado familiar baseia-se numa recordação de 48 horas. Períodos de referência mais longos estariam sujeitos a uma recordação imperfeita (Swindale e Bilinsky, 2005), em que os inquiridos seriam tentados a dar a informação que você quer ouvir e não as respostas exactas.

**3.6.4** Meses **de provisão alimentar inadequada do** agregado **familiar (MIHFP)** Os meses de provisão alimentar inadequada do agregado familiar referem-se ao número total de meses dos 12 meses anteriores em que o agregado familiar não conseguiu satisfazer as suas necessidades alimentares. Para tal, perguntou-se aos inquiridos se tinham alimentos suficientes para satisfazer as necessidades do agregado familiar nos últimos 12 meses. Isto foi feito mês a mês, ou seja, de A a L. As suas respostas foram codificadas como 1 se tivessem comida suficiente ou 0 caso contrário (se não tivessem comida suficiente). Os meses de provisão alimentar inadequada do agregado familiar (MIKFP) foram calculados da seguinte forma;

MIHFP (1-12) = Soma (A + B + C + D + E + F + G + H + I + J + K + L) (Bilinsky e Swindale, 2005)

### 3.6.5 Índice de Estratégias de Enfrentamento

O estudo adoptou a medida de segurança alimentar do índice de estratégias de sobrevivência (CSI) seguindo Maxwell e Caldwell, (2008). Os agregados familiares que procuram preservar os níveis de segurança alimentar podem recorrer a uma série de estratégias de sobrevivência. Em primeiro lugar, as famílias podem alterar as suas dietas, substituindo os alimentos habitualmente comprados por outros mais baratos ou modificando os métodos de confeção. Em segundo lugar, o agregado familiar pode tentar aumentar as suas reservas alimentares utilizando estratégias de curto prazo que não são sustentáveis a longo prazo. Estas incluem pedir emprestado, ou comprar a crédito, ou mesmo mendigar. Em terceiro lugar, e mais frequentemente utilizado, os agregados familiares podem tentar gerir a escassez racionando os alimentos disponíveis para o agregado familiar (reduzindo o tamanho das porções ou o número de refeições, favorecendo certos membros do agregado familiar em detrimento de outros, ou passando dias inteiros sem comer). Por último, os agregados familiares podem tentar aumentar o seu acesso a programas patrocinados, tais como o programa "comida por trabalho". O Índice de Estratégias de Enfrentamento é uma função composta da frequência destas estratégias de enfrentamento, ou seja, a frequência com que a estratégia de enfrentamento é utilizada e a gravidade das estratégias, conforme sugerido pelos inquiridos.

PONTUAÇÃO DA ESTRATÉGIA DE COBRANÇA DO AGREGADO FAMILIAR = Σ (Frequência relativa X Gravidade X peso)

É também imperativo compreender a ponderação das frequências relativas e da gravidade e lembrar que o CSI, tal como descrito aqui, é uma medida de insegurança alimentar, ou seja, quanto maior a pontuação, maior a insegurança alimentar.

### 3.6.6 Insegurança alimentar do agregado familiar Pontuação de acesso

O HFIAS é uma medida contínua do grau de insegurança alimentar (em termos de acesso) no agregado familiar nos últimos 30 dias. De acordo com Deitchler et al., (2011), o HFIAS reflecte os três domínios universais da insegurança alimentar do agregado familiar: ansiedade sobre a insegurança alimentar do agregado familiar, qualidade insuficiente dos alimentos e quantidade insuficiente desses alimentos. Este indicador capta a perceção dos membros do agregado familiar sobre a sua dieta, independentemente da sua composição nutricional (Coates et al., 2007). Centra-se nas estratégias relacionadas com o consumo e capta as respostas comportamentais e psicológicas do agregado familiar à insegurança alimentar (percebida). O HFIAS baseia-se no pressuposto de que as experiências de insegurança alimentar das famílias causam reacções e respostas previsíveis que podem ser captadas e quantificadas através de um inquérito e depois resumidas numa pontuação.

### 3.6.7 Medição das capacidades de adaptação dos agregados familiares às tecnologias de adaptação às alterações climáticas

Klein (2002) atesta que a capacidade de adaptação às alterações climáticas é a capacidade de um sistema ou de um indivíduo se ajustar às alterações climáticas de modo a minimizar os danos potenciais para a segurança alimentar ou a fazer face às consequências. Por conseguinte, a capacidade de adaptação é a capacidade de planear, organizar e controlar as tecnologias de adaptação às alterações climáticas para moderar os danos potenciais das alterações climáticas. A capacidade de adaptação varia de agregado familiar para agregado familiar com base em certos factores que são peculiares a cada agregado familiar. De acordo com Mabe e Sarpong (2012), "parte-se do princípio de que os agregados familiares são racionais e, como tal, adaptam-se às alterações climáticas para fazer face às alterações climáticas".

Ao medir quantitativamente as capacidades adaptativas, foi pedido às famílias que indicassem o seu grau de realização das tecnologias de adaptação às alterações climáticas. O maior grau de realização de cada um dos atributos ou factores que afectam as capacidades adaptativas foi pontuado com 1, enquanto o menor grau recebeu uma pontuação de 0,25. O nível de pontuação para um agregado familiar com o mais alto grau de realização de cada atributo é 0,75. Por último, o nível de pontuação para o elevado grau de conhecimento de cada agregado familiar, quanto mais elevado for o grau, melhor é o conhecimento do agregado familiar sobre uma determinada tecnologia de adaptação às alterações climáticas. A capacidade de adaptação de um i-ésimo agregado familiar à j-ésima tecnologia de adaptação é calculada da seguinte forma

$$AdapCapij = \frac{Kii+Uij+Vij+Aii+Cij}{N_A}$$

De acordo com Mabe e Sarpong (2012) AdapCapij denota a capacidade de adaptação de um i-ésimo agregado familiar a uma j-ésima tecnologia de adaptação CC; Kij o conhecimento de um i-ésimo agregado familiar sobre uma i-ésima tecnologia de adaptação, Uij o nível de utilização de uma j-ésima tecnologia de adaptação por um i-ésimo agregado familiar; Vij a disponibilidade de tecnologias no j-ésimo estado de adaptação para um i-ésimo agregado familiar; Aij a acessibilidade da inovação na j-ésima tecnologia de adaptação para um i-ésimo agregado familiar; Ci o nível de consulta sobre a j-ésima tecnologia de adaptação pelo agregado familiar. NA, a soma dos atributos aplicáveis. A capacidade adaptativa média, de acordo com Mabe e Sarpong (2012), do agregado familiar para a j-ésima tecnologia de adaptação, AveAdapCapj, é calculada utilizando a equação:

$$AdapCapj = \frac{\sum AdaCapij}{N}$$

Onde N é o número de observações.

Quadro 3.2: Medição da capacidade de adaptação

| **Degree of adaptive capacities** | **Ranges of indices for adaptive capacitiesij** | **Ranges for indices Average adaptive capacitiesj** |
|---|---|---|
| Low adaptive capacity (LAC) | 0<AdapCap<0.33 | 0<AveAdapCap<0.33 |
| Moderate adaptive capacity(MAC) | 0.33≤AdapCap≤0.66 | 0.33≤AveAdapCap≤0.66 |
| High adaptive capacity(HAC) | 0.66≤AdapCap≤0.75 | 0.66≤AveAdapCap≤0.75 |
| Higher adaptive capacity | 0.75≤AdapCap≤1.00 | 0.75≤AveAdapCap≤1.00 |

**Fonte:** criação própria

### 3.7 Análise de dados não estatísticos

Os dados foram extraídos sistematicamente utilizando métodos de recolha de dados especialmente concebidos e categorizados de acordo com o foco dos objectivos da investigação: percepções das alterações climáticas; impacto da CCAT na segurança alimentar e desafios à adaptação às alterações climáticas. Após esta categorização, foi efectuada uma análise temática para identificar questões-chave. Para cada objetivo, a extração de dados e a análise temática foram realizadas de forma independente. Os dados recolhidos foram processados, organizados e analisados com base nesses temas. Foram criados subtemas no âmbito do tema principal para facilitar a interpretação dos resultados. A análise temática vai para além da contagem de palavras ou frases explícitas e centra-se na identificação e descrição de ideias implícitas e explícitas nos dados, ou seja, temas (Dey, 1993).

### 3.8 Limitações e delimitações do estudo

A investigação foi afetada pela sazonalidade: o período entre outubro e dezembro é movimentado, em termos de agricultura, pois a maioria dos agricultores está envolvida na plantação de sequeiro e noutros trabalhos de campo, pelo que a localização dos participantes e a realização de discussões de foco se revelaram problemáticas. Assim sendo, foi difícil marcar reuniões na aldeia ao ar livre. Contudo, o pesquisador teve muita sorte, pois foi convidado pelo oficial de extensão para a reunião da comissão organizadora do dia de campo, realizada na base da polícia da República do Zimbabué em Takavarasha, onde o pesquisador teve a oportunidade de realizar discussões de grupo de foco antes de a ordem de trabalhos da reunião ser abordada. Esta plataforma fornece ao pesquisador dados ricos e frutíferos porque ele se dirige a representantes de diferentes aldeias e mesmo de fora dos locais de estudo, o que torna o estudo viável e válido para representar as perspectivas dos residentes de Chivi. Durante esta reunião, um funcionário curioso aproximou-se e não contribuiu com nada, apenas para assistir e observar os procedimentos da reunião, o que pode ter afetado a forma como as pessoas responderam a algumas das perguntas.

Os burocratas atarefados eram difíceis de encontrar mesmo depois das nomeações, por exemplo, o investigador levou três dias para localizar o Administrador Distrital e pelo menos uma semana para obter uma aprovação assinada pelo diretor executivo do conselho distrital rural, que acabou por delegar no funcionário de recursos humanos para fazer a aprovação por mim. O funcionário da CARE Zimbabué do distrito de Chivi que tratava das questões das alterações climáticas estava sempre fora em visitas de campo e o investigador não conseguiu entrevistá-lo, pelo que algumas das ideias e relatórios esclarecedores ficaram nas mãos dos peritos da CARE.

As respostas às perguntas dos informadores foram, de certa forma, distorcidas devido à síndrome da dependência dos doadores. Algumas das pessoas entrevistadas esperavam obter financiamento do investigador e, por isso, orientaram as suas respostas nesse sentido

No processo de entrada no terreno, os investigadores foram armados com o conhecimento teórico e metodológico das alterações climáticas, das tecnologias de adaptação às alterações climáticas e da segurança alimentar para concetualizar o que significa "estar" no terreno no que diz respeito a assegurar uma investigação ética e rigorosa (Giampapa, 2011). No entanto, o que "estar" no terreno implica é muito mais complexo em termos da deriva e do fluxo da relação entrevistador-entrevistado no espaço e no tempo. A necessidade de negociar a identidade do investigador em toda a área de trabalho de campo e o impacto que isso tem não só no acesso aos locais de campo, mas também em termos da quantidade e qualidade dos dados produzidos em conjunto com os participantes na investigação, é fundamental. De acordo com Cameron (1992), "os investigadores não podem deixar de ser pessoas socialmente localizadas. Trazemos inevitavelmente as nossas biografias e subjectividades para todas as fases do processo de investigação e isso influencia as perguntas que fazemos e a forma como tentamos encontrar respostas ... a subjetividade do observador não deve ser vista como uma perturbação lamentável, mas como um elemento das interações humanas que constituem o nosso objeto de estudo"

Por último, nas secções anteriores desta tese, foram feitas várias observações sobre a representatividade estatística das várias bases e processos de amostragem. Tendo em conta a finalidade e os objectivos do estudo. A principal preocupação foi a relevância comunitária (societal) e política. Como tal, vários enviesamentos no estudo podem também ser vistos como vantagens e não apenas como constrangimentos. Houve um grande envolvimento de participantes competentes e empenhados que estavam e continuam a estar em contacto com os grupos em nome dos quais falam. Os esforços de investigação tenderam a atrair apenas os inquiridos interessados no assunto e que se aperceberam da preocupação com as alterações climáticas (MC). Por último, para obter dados mais fiáveis, poderia ter sido realizado um estudo longitudinal.

### 3.8 Considerações éticas

Antes de iniciar a pesquisa, o pesquisador visitou o Diretor Executivo, o Administrador Distrital (DA) e o oficial de comando (ZRP) do conselho distrital rural de Chivi e informou-os da missão de pesquisa. As cartas de aprovação do CEO da cidade, do DA, do ZRP, a carta de confirmação da Universidade do Zimbabwe (UZ) e o cartão de identificação de estudante, permitiram coletivamente ao pesquisador negociar a entrada e eliminar a suspeita dos residentes.

A ética da investigação refere-se aos princípios morais que orientam a investigação desde o seu início até à sua conclusão e posteriormente (ESRC 2007). A concetualização desta investigação, a escolha dos métodos e a seleção dos participantes na investigação foram realizadas no âmbito da compreensão da ética (Chibaya, 2009). O investigador protegeu as comunicações confidenciais, tais como registos pessoais e os nomes dos participantes; por conseguinte, o investigador utilizou pseudónimos em vez dos nomes dos participantes para efeitos de confidencialidade. Foi-lhes dado um esclarecimento adequado sobre a forma como os seus dados seriam utilizados e o que seria feito com os materiais do caso, fotografias e gravações áudio, de modo a obter o seu consentimento (Resnik, 2011). Em suma, foram informados do objetivo da investigação.

Por último, foi dado tempo suficiente aos entrevistados para responderem às questões colocadas, de modo a evitar erros e imprecisões nas suas respostas, especialmente quando forneciam narrativas históricas sobre as alterações climáticas (Kumar, 1999).

### 3.9 Resumo do capítulo

A utilização de uma abordagem multimétodo e de múltiplas fontes de investigação social permitiu ao investigador obter uma grande quantidade de informações sobre os problemas agrícolas relacionados com as alterações climáticas (Kumar, 1999). A validade da informação foi verificada através da triangulação de várias fontes de informação, que, comparativamente, clarificaram vários aspectos que eram actuais e estavam a ser investigados. Também ajuda o investigador a ter uma visão mais clara dos problemas ambientais nas zonas comunais, bem como a nível nacional. O objetivo deste capítulo era descrever em profundidade a metodologia de investigação desta tese, explicar a seleção da amostra, descrever o procedimento utilizado na conceção dos questionários e de outros instrumentos de recolha de dados e fornecer uma explicação dos procedimentos estatísticos utilizados para analisar os dados. Esta secção também serve para justificar os meios através dos quais este estudo de investigação foi obtido e também ajuda a dar-lhe um objetivo e força, uma vez que é verdadeiro e analítico (Kumar, 1999).

# CAPÍTULO 4

## RESULTADOS

### 4.1 Introdução

Este capítulo apresenta os resultados obtidos no terreno. O capítulo fornece um resumo dos principais argumentos apresentados pelos agricultores nas alas 13 e 30 do distrito de Chivi, ao fazê-lo o investigador liga as principais ideias geradas aos objectivos da investigação. Ou seja, o capítulo apresenta os resultados de cada um dos objectivos da investigação com base no método aplicado. O primeiro objetivo da pesquisa procurou investigar as percepções dos inquiridos sobre a existência de alterações climáticas na área de Chivi. Enquanto que o segundo objetivo avaliou as implicações das tecnologias de adaptação às alterações climáticas na segurança alimentar. O terceiro objetivo visava identificar os principais desafios na adaptação às mudanças climáticas. Como tal, os resultados do estudo são apresentados de acordo com os objectivos da investigação.

### 4.2 PERCEPÇÕES SOBRE AS ALTERAÇÕES CLIMÁTICAS NO DISTRITO DE CHIVI

O estudo solicitou as percepções dos inquiridos sobre as alterações climáticas no distrito de Chivi. As diferentes partes interessadas mostram percepções semelhantes em alguns casos, mas estas têm explicações diferentes. As conclusões são as seguintes:

#### 4.2.1 Mudanças percebidas no ambiente

Os resultados da análise quantitativa e qualitativa revelaram que as alterações climáticas são uma realidade no distrito de Chivi e os agricultores comunitários estão a senti-las. Os resultados quantitativos estão resumidos graficamente na Figura 4.1

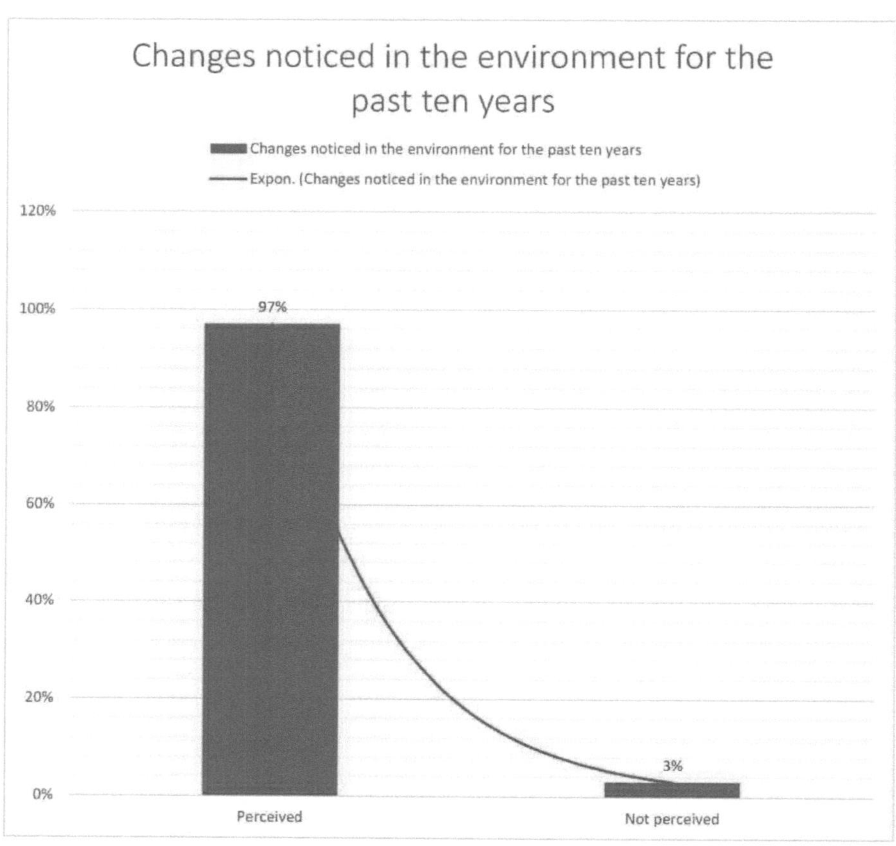


**Figura 4.1: As alterações climáticas estão a acontecer.**

Pode deduzir-se da figura 4.1 que os inquiridos concordaram unanimemente que as alterações climáticas são uma realidade no distrito de Chivi. Este sentimento é captado por 97% dos inquiridos que mencionaram que notaram algumas mudanças climáticas. No entanto, é significativo observar que 3% dos inquiridos afirmaram que não tinham notado quaisquer alterações climáticas na área. Todos estes agricultores comunais eram oriundos das aldeias de Takavarasha e Muzvidziwa. A constatação de que as alterações climáticas são uma realidade no distrito de Chivi é reforçada pelo extrato literal do funcionário dos serviços veterinários, que preferiu ser chamado Amai Nyasha, que afirmou categoricamente que

*"Como as alterações climáticas são uma realidade em Chivi, estamos a incentivar os agricultores a venderem o seu gado e a adoptarem animais de pequeno porte, porque têm mais hipóteses de sobreviver nesta zona seca de Chivi."*

Este inquirido está, na verdade, a aconselhar os agricultores comunais de Chivi a começarem a pensar em medidas de adaptação, uma vez que as alterações climáticas estão certamente a afetar o que ouvem atualmente. No entanto, é evidente que os agricultores ainda não estão preparados para se adaptarem a animais resistentes à seca, como as cabras. As razões pelas quais os agricultores hesitam em adaptar-se a animais mais pequenos e resistentes prendem-se com o facto de estes terem um baixo valor de mercado em comparação com o gado. Também foi pedido aos inquiridos que mencionassem as mudanças de temperatura que notaram. Os resultados são apresentados na Figura 4.2.1

### 4.2.2 Dinâmica da temperatura percepcionada

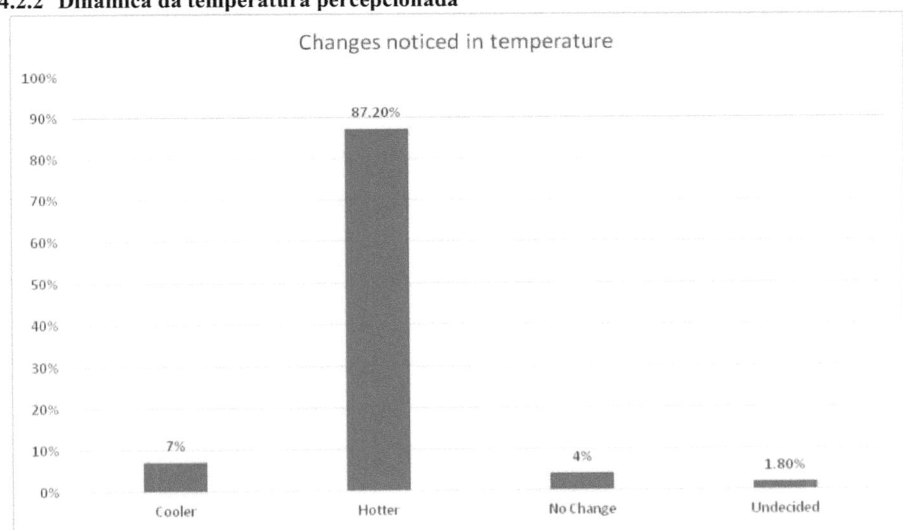


**Figura 4.2: Alterações registadas na temperatura no distrito de Chivi**

A maioria dos inquiridos (87,2%) no distrito de Chivi reconheceu que as temperaturas se tornaram mais quentes. É interessante observar que alguns dos inquiridos (4%) expressaram a sensação de que não houve mudanças significativas nas temperaturas. Há muitas razões prováveis para uma discrepância tão grande (83,2%). Os informadores-chave sentiram que, uma vez que Chivi se situa na região V, onde as temperaturas são geralmente elevadas, os residentes estão habituados a temperaturas elevadas ao ponto de nem sequer se aperceberem de quaisquer novos aumentos de temperatura, o que explica por que razão alguns dos inquiridos (4%) sentiram que não houve alterações de temperatura. Este sentimento é corroborado por um inquirido idoso do grupo de discussão que disse

> *" Kuno kwaChivi kwagara kunongopisa, handingamboti zuva rawedzera kupisa" (Chivi é geralmente uma zona quente, mas não posso dizer que a temperatura se tenha tornado mais quente).*

A razão provável para esta perceção é que o aquecimento das temperaturas no distrito está a causar fracassos agrícolas, portanto, todos no distrito estão a sentir isso todos os dias e também o estudo foi realizado durante o notório período de 'onda de calor', o que pode ter influenciado as percepções. De particular interesse são os 7% que expressaram que a temperatura em Chivi está a ficar mais fresca do que antes. Os inquiridos (4%) consideram que a temperatura é constante, que não há alteração da temperatura na região, enquanto 1,8% se mostraram indecisos. Isto pode dever-se ao facto de os inquiridos se terem diversificado para uma economia não agrícola, pelo que não têm praticamente provas do aumento da temperatura.

### 4.2.3 Dinâmica da precipitação percebida

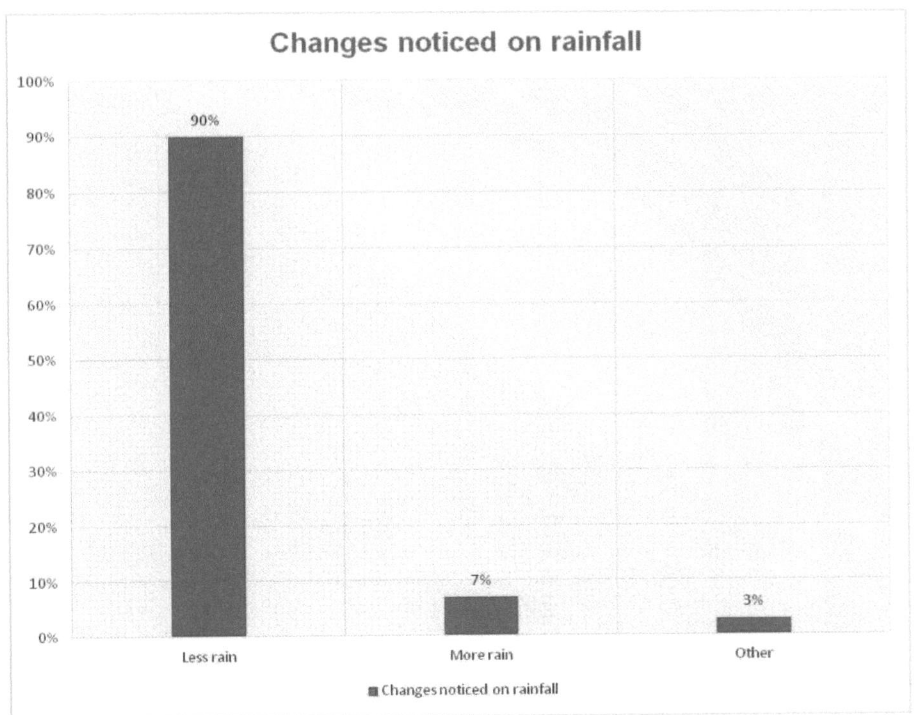


**Figura 4.3: baixa pluviosidade no distrito**

Os dados quantitativos indicam que os inquiridos (90%) notaram que a baixa precipitação anual em todo o distrito torna a produção de culturas menos compensadora do que antes. Isto pode ser devido ao facto de terem notado mudanças nas barragens, por exemplo, a barragem de Zvamapere que seca totalmente durante a estação seca. O gráfico ilustra que os inquiridos (7%) sentiram que a precipitação aumentou na área. No entanto, os inquiridos (3%) estavam indecisos, o que pode dever-se ao facto de se encontrarem entre os dois extremos. Os resultados do informador-chave confirmaram os dados quantitativos. Na discussão, o argumento geral foi que o Zimbabué deve esperar verões mais secos. A mudança relativa será maior no distrito rural de Chivi. Onde a precipitação diminuiu em 50%. Prevê-se que partes do distrito sofram uma redução da humidade do solo no verão, o que tem implicações diretas na agricultura.

### 4.2.4 Dinâmica do vento percebida

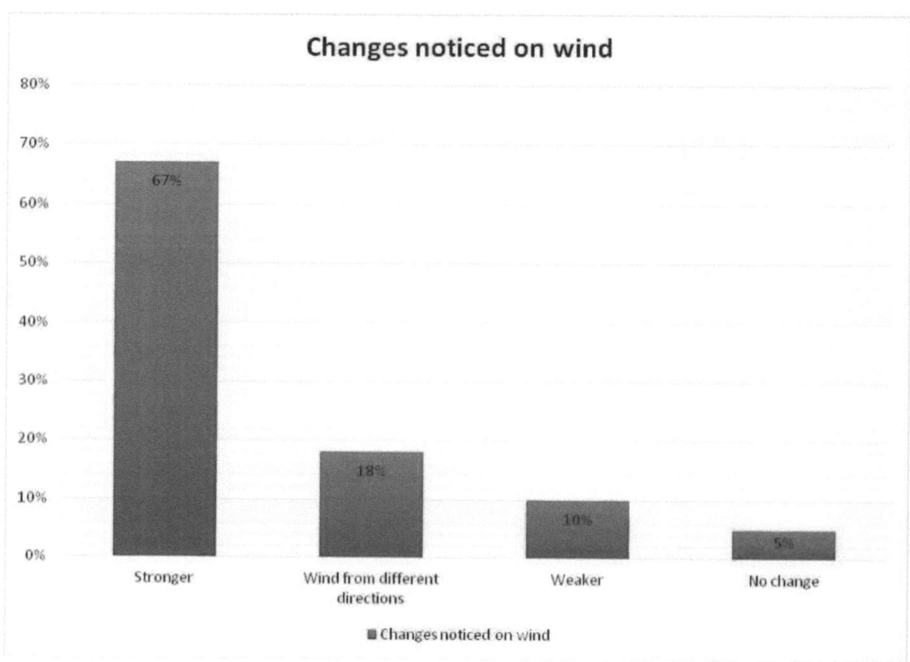


**Figura 4.4 Dinâmica do vento percebida**

A Figura 4.4 acima apresenta que os inquiridos no distrito rural de Chivi têm percepções diferentes em relação ao vento, a maioria deles (67%) acredita que devido às alterações climáticas o vento está a ficar mais forte na área. Os informantes-chave e os FDGs atribuíram este facto à desflorestação maciça e ao desaparecimento da floresta que costumava atuar como quebra-vento. 13% dos entrevistados acreditam que agora é difícil prever as direcções do vento, o vento vem agora de diferentes direcções e isto está a afetar o agricultor que precisa de pulverizar as suas culturas para as controlar contra as pragas. Entrevistados interessantes (10%) têm uma perceção completamente diferente da maioria dos inquiridos, pois consideram que o vento está a ficar mais fraco do que era nos anos anteriores, o que pode dever-se à sua localização física (atrás de uma montanha). A montanha está agora a atuar como quebra-vento. Também foi pedido aos inquiridos que mencionassem as alterações verificadas nas barragens. Os resultados são apresentados no ponto 4.5

### 1.1.5 Alterações sentidas nos níveis das barragens

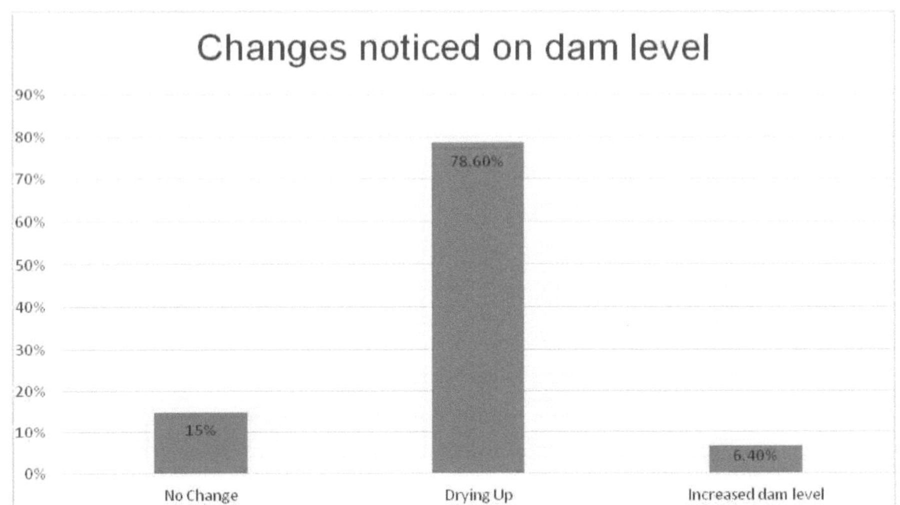


**Figura 4.5 Alterações observadas nas barragens**

Os resultados da análise quantitativa e qualitativa revelaram que a recolha de água está a tornar-se cada vez mais problemática no distrito de Chivi. A investigação revela que havia mais inquiridos (78, 6% foram rápidos a notar que a barragem de Taru é agora uma pequena piscina) que reconhecem o papel das alterações climáticas na secagem de barragens, furos e poços. Isto pode dever-se ao facto de os inquiridos fazerem parte das hortas comunitárias e de as barragens estarem a destruir as suas actividades agrícolas. Os inquiridos (15%) em Takavarasha que indicaram que as alterações climáticas não têm um papel na diminuição dos níveis das barragens, sentiram que não houve alterações nos níveis das barragens. A razão provável para essa perceção é que maioria das barragens na área de Takavarasha são construídas ao longo do rio Runde (Lundi), que é um rio perene, pelo que os níveis das barragens são mantidos constantes mesmo na era das alterações climáticas. A Figura 4.5 acima apresenta as percentagens e as proporções diagramáticas dos inquiridos relativamente às alterações nos níveis das barragens em Chivi.

Os resultados dos FDGs expressaram a sensação de que os rios são intermitentes por causa da baixa pluviosidade e dos diferentes utilizadores que desviam ou armazenam a água para usos personalizados. Por exemplo, na barragem de Taru, a maior parte da água é desviada para irrigação e hortas comunitárias. Este facto provocou a secagem da barragem. A constatação de que os níveis da barragem estão de facto a diminuir e a secar no distrito de Chivi é revigorada pelo extrato literal de um inquirido chamado Den (pseudo nome) que afirmou enfaticamente que:

> *"Durante a estação das chuvas a barragem ocupava pelo menos 100m de terra e agora tem menos de 3m, vana vekuprimary vanotocrosser vachifamba zvavo nokuti hamusisina chinhu" (as crianças da primária podem atravessar a barragem a pé, porque agora está vazia).*

O outro inquirido afirmou

> *"Os furos que nos primeiros dias de construção bombeavam água estão agora a bombear ar, o que afectou todo o desenvolvimento e sustentabilidade do projeto"*

Estes inquiridos revelam provas de que o aumento da temperatura devido às alterações climáticas está a afetar os métodos de recolha de água no distrito. Finalmente, o grupo expressou que a água é, tem sido e continua a ser um bem disputado no distrito de Chivi e uma fonte principal de escaramuças entre diferentes utilizadores e isto tem sido agravado pelas alterações climáticas. Por exemplo, os agricultores precisam de água para a irrigação, enquanto os criadores de gado se queixam de que estão a esgotar os reservatórios de água para os seus animais beberem

### 1.1.7 A necessidade de envolvimento das partes interessadas

Os resultados das discussões dos grupos de centragem mostram que os inquiridos consideram que, para uma implementação bem sucedida das TCA, é necessário um ambiente político favorável e outras partes interessadas dedicadas. Políticas bem elaboradas em matéria de tecnologias de adaptação às alterações climáticas são fundamentais para aumentar a sensibilização, criar capacidades adequadas e ajudar a ativar capacidades de ação, resolver conflitos de interesses, reduzir os efeitos externos desencadeados ou reforçados pelas alterações climáticas e garantir que as infra-estruturas públicas resistam às futuras consequências induzidas pelas alterações climáticas. É também através do envolvimento das partes interessadas que se garante uma gestão adequada do projeto, em especial do local de irrigação alimentado por energia solar de Madhumbu. Para corroborar este argumento, um inquirido disse o seguinte

> *"vanhu vemuno mamadhumbu havana kubatana tarira ooo, masolar akabiwa nevanhu vatinotoziva, kutaura kudai arikutoridzisiwa maradio." (As pessoas da aldeia de Madhumbu não estão unidas, olhem para aqui, roubaram alguns dos painéis solares, conhecemos as pessoas que fizeram isto e, enquanto estou a falar convosco, estão a utilizar os painéis solares para fornecer energia aos seus rádios).*

O inquirido comentou que existe falta de cooperação entre os agricultores. Não existe um sentido de ação colectiva, o que afecta as capacidades de adaptação dos agricultores. No entanto, outro inquirido observou que o principal problema da irrigação em Madhumbu não é a falta de cooperação, mas sim o declínio ou a diminuição do nível do lençol freático. Outro informador-chave do departamento de serviços de extensão disse

## *4.3* IMPLICAÇÕES PERCEBIDAS DA CCAT NA SEGURANÇA ALIMENTAR

A população das alas 30 e 13 selecionadas no distrito de Chivi depende principalmente da agricultura de sequeiro. Contudo, a produção agrícola está a ser cada vez mais ameaçada pelas alterações climáticas. Por isso, as pessoas adoptaram várias tecnologias de adaptação às alterações climáticas, mas as mais frequentemente adoptadas foram a irrigação por energia solar, a mudança de variedade de culturas, a mistura de culturas, a diversificação de culturas, o escalonamento das datas de plantação, a aplicação dividida de fertilizantes, a mudança de culturas para gado, a utilização de agricultura de conservação e a utilização de técnicas de conservação de água. O que também foi identificado foi o impacto da TCA na segurança alimentar. O impacto do CCAT na segurança alimentar pode ser teoricamente positivo, mas na prática não conseguiu produzir os resultados mais esperados, como mostram os resultados apresentados abaixo.

## Tabela. 4.1: Tabela de correlação

| **Climate Change Adaptation Technology** | **Pearson Correlation** | **Copping strategy index** | **Household dietary density score** | **Month of inadequate household food provision** |
|---|---|---|---|---|
| Do you know solar powered irrigations? | Pearson Correlation | .022 | -.095 | -.002 |
| | Sig. (1-tailed) | .439 | .257 | .495 |

| | N | 50 | 50 | 50 |
|---|---|---|---|---|
| Change crop variety | Pearson Correlation | -.050 | .345** | .161 |
| | Sig. (1-tailed) | .366 | .007 | .132 |
| | N | 50 | 50 | 50 |
| Crop mixing/intercropping (i.e beans and maize and rapoko, cowpeas and maize e.t.c) | Pearson Correlation | .125 | .606** | -.128 |
| | Sig. (1-tailed) | .193 | .000 | .187 |
| | N | 50 | 50 | 50 |
| Crop diversification | Pearson Correlation | -.014 | .196 | -.021 |
| | Sig. (1-tailed) | .461 | .086 | .441 |
| | N | 50 | 50 | 50 |
| Staggering of planting dates | Pearson Correlation | .250* | -.317* | .006 |
| | Sig. (1-tailed) | .040 | .012 | .484 |
| | N | 50 | 50 | 50 |
| Split application of fertilizer | Pearson Correlation | .293* | -.250* | .301* |
| | Sig. (1-tailed) | .019 | .040 | .017 |
| | N | 50 | 50 | 50 |
| Change from crop to livestock | Pearson Correlation | .056 | -.020 | .114 |
| | Sig. (1-tailed) | .351 | .446 | .215 |
| | N | 50 | 50 | 50 |
| Use conservation agriculture techniques | Pearson Correlation | .010 | .123 | .168 |
| | Sig. (1-tailed) | .474 | .197 | .122 |
| | N | 50 | 50 | 50 |
| Use water conservation techniques | Pearson Correlation | -.236* | .361** | -.022 |
| | Sig. (1-tailed) | .049 | .005 | .441 |
| | N | 50 | 50 | 50 |
| *. Correlation is significant at the 0.05 level (1-tailed). | | | | |
| **. Correlation is significant at the 0.01 level (1-tailed). | | | | |

### 4.3.1 Relação entre a mudança de variedade de cultura e a pontuação da densidade alimentar do agregado familiar (HDDS)

O quadro acima é um resumo da correlação entre as tecnologias de adaptação às alterações climáticas e a segurança alimentar, que aborda a hipótese do estudo que previa a existência de uma relação significativa entre as tecnologias de adaptação às alterações climáticas e a segurança alimentar.
Os resultados revelaram uma correlação positiva entre a mudança de variedade de cultura e o HDDS (correlação de Pearson.345, n=50, p<.007 unilateral). Isto deve-se ao facto de, ao mudar da variedade

de milho para pequenos grãos, o agricultor ter melhorado a pontuação da diversidade alimentar do seu agregado familiar, o que implica um aumento da segurança alimentar.

### 4.3.2 Correlação entre a conservação da água e a pontuação da densidade alimentar do agregado familiar (HDDS)

Os resultados do trabalho de campo sobre a relação entre a tecnologia de conservação da água e o HDDS revelam uma correlação positiva (correlação de Pearson=-.361, n=50, p<.005 unilateral). A razão aparente para esta relação positiva é que a técnica de conservação ajuda a reter a humidade do solo durante mais tempo, que pode ser utilizada para fins agrícolas.

### 4.3.3 Correlação entre a diversificação de culturas e a pontuação da densidade alimentar do agregado familiar (HDDS)

Os resultados dos dados de campo sobre a relação entre a diversificação de culturas e o HDDS no distrito de Chivi revelaram uma correlação positiva entre a diversificação de culturas e o HDDS. (correlação de pearson=.196, n=50, p<.086 unicaudal). Uma das razões para esta correlação positiva é o erro de medição quando se mede o HDDS, o equilíbrio estatístico da omissão pode levar a uma correlação positiva.

### 4.3.4 Correlação entre a mistura de culturas e o índice de densidade alimentar do agregado familiar (HDDS)

Os dados apresentados no quadro ilustram que existe uma correlação positiva entre a mistura de culturas e o HDDS (correlação de Pearson=.606, n=50, p<.000). A possível razão para esta relação positiva é que, através da consociação de culturas, há um aumento da cobertura do solo, o que ajuda a preservar a humidade do solo e a melhorar a produção alimentar em zonas propensas à seca, como Chivi.

### 4.3.5 Correlação entre o escalonamento das datas de plantação e o índice de densidade alimentar do agregado familiar (HDDS)

Os dados apresentados no quadro mostram que existe uma correlação positiva entre o escalonamento das datas de plantação e o HDDS (correlação de Pearson = 0,606, n = 50, p < 0,000). Uma razão para esta relação positiva é que o escalonamento das datas de plantação constitui um método compensatório quando as culturas de sequeiro falham e as culturas de sequeiro podem ser bem sucedidas. Por conseguinte, o escalonamento das datas de plantação reduz o risco de perdas para os agricultores rurais.

### 4.3.6 Correlação entre as aplicações deslizantes de fertilizantes e o índice de densidade alimentar do agregado familiar (HDDS)

A ilustração dos resultados no quadro apresenta uma correlação negativa (correlação de Pearson=-.250, n=50, p<.040 unidirecional) entre a aplicação de fertilizantes com fenda e o HDDS. Uma razão para este facto é talvez a falta de conhecimento sobre a quantidade recomendada de fertilizantes por planta e a região é geralmente quente e infértil, pelo que os fertilizantes não podem ser vistos como o melhor método para melhorar a fertilidade em áreas propensas de Chivi com temperaturas muito elevadas

### 4.3.7 Correlação entre as aplicações de fertilizantes e o índice de estratégias de sobrevivência (ISC)

A ilustração dos resultados sobre a relação entre a aplicação por deslizamento e o CSI revela uma correlação negativa (correlação de Pearson = 0,293, n = 50, p < 0,019 unilateral). Uma razão para esta relação positiva é o facto de a aplicação de fertilizantes por deslizamento permitir que o agricultor não aplique fertilizantes em terrenos fortemente secos.

### 4.3.8 Correlação entre a técnica de conservação da água e o Índice de Estratégias de Enfrentamento (CSI)

A ilustração dos resultados sobre a relação entre a tecnologia de conservação da água e o CSI revela uma correlação negativa (correlação de Pearson=-.236, n=50, p<.049 unicaudal). Uma razão para isto é que a técnica de conservação da água é principalmente de mão de obra intensiva e a maior parte da geração ativa atravessou as fronteiras para a África do Sul e o Botsuana, respetivamente, deixando a área comunal com uma população economicamente inativa.

### 4.3.9 Correlação entre o escalonamento das datas de plantio e o Índice de Estratégias de Enfrentamento (CSI)

Os dados apresentados no quadro revelam que existe uma correlação negativa entre o escalonamento das datas de plantação e o CSI (correlação de Pearson=-.317,n=50,p<.012). Uma razão para esta relação positiva é que, através do escalonamento das datas de plantação, o método de compensação quando as culturas de sequeiro falham, as culturas de sequeiro podem ser bem sucedidas.

### 4.3.10 Correlação entre as aplicações de fertilizantes e os meses de provisão inadequada de alimentos ao agregado familiar (MIHFP)

Os resultados sobre a relação entre a aplicação de fertilizantes em fendas e a MIHFP revelam uma correlação positiva (correlação de Pearson=-.301, n=50, p<.017 unilateral).

## 4.4 Grau de capacidade de adaptação dos agricultores comunitários

O Quadro 4.2 mostra o nível de capacidade de adaptação dos agricultores comunitários, que varia entre uma capacidade de adaptação mais elevada e uma capacidade de adaptação reduzida, dependendo da tecnologia de adaptação às alterações climáticas adoptada pelo agricultor

## Quadro 4.2: Grau de capacidade de adaptação

| Technology number | Climate Change Adaptation Technology | Adaptive Capacities | Rank | Degree of Adaptive Capacities |
|---|---|---|---|---|
| 1 | Change crop variety | 0.63 | 5 | Moderate Adaptive Capacity |
| 2 | Crop mixing \intercropping | 0.81 | 3 | Higher adaptive capacity |
| 3 | Staggering of planting date | 0.59 | 6 | Moderate Adaptive Capacity |
| 4 | Crop diversification | 0.68 | 4 | High Adaptive Capacity |
| 5 | Mulching | 0.84 | 1 | Higher adaptive capacity |

| 6 | Slip application of fertilizers | 0.36 | 7 | Moderate Adaptive Capacity |
|---|---|---|---|---|
| 7 | Use of conservation agricultural techniques | 0.30 | 8 | Low Adaptive Capacity |
| 8 | Use water conservation technique | 0.30 | 8 | Low Adaptive Capacity |
| 9 | Animal Manure | 0.83 | 2 | Higher adaptive capacity |

**Fonte:** Cálculo efectuado no terreno

O grau de capacidade de adaptação dos agricultores rurais no distrito de Chivi a várias tecnologias/estratégias de adaptação às alterações climáticas é apresentado no quadro acima. Os participantes entrevistados foram altamente adaptados à tecnologia de cobertura morta (0,84), estrume animal (0,83) e culturas intercalares (0,81). Isso ocorre porque a capacidade adaptativa está dentro da faixa de 0,75≤AdapCap≤1,00, entre essas tecnologias de adaptação às mudanças climáticas acima da faixa de alta capacidade adaptativa, o uso de irrigação por energia solar e diversificação de culturas registrou a maior e a menor capacidade adaptativa 0,84 e 0,68 respetivamente. A capacidade adaptativa calculada para a agricultura de conservação e para as técnicas de conservação da água é igual em valor. As tecnologias de adaptação com capacidade de adaptação moderadamente elevada são a mudança de variedade de culturas (0,63) e a cobertura vegetal (0,68). Por outro lado, a mudança de variedades de culturas (0,63), o escalonamento das datas de plantação (0,59) e a aplicação de fertilizantes por deslizamento situam-se no intervalo de capacidade de adaptação moderada. Por último, a agricultura de conservação e outras técnicas de conservação da água têm uma capacidade de adaptação baixa de 0,30. Os agricultores da zona de Chivi precisam de ser capacitados para melhorar o seu status quo de capacidade adaptativa para as tecnologias de adaptação às alterações climáticas com valores de adaptação baixos, moderados e elevados para valores de nível mais elevado.

**Tabela 4.3: Percentagem do grau de capacidade de adaptação**

| Adaptive capacity | Mean adaptive capacity | Frequency (Freq) | Percentage (%) |
|---|---|---|---|
| **Higher adapters** | 0.83 | 15 | 30.5 |
| **High adapters** | 0.68 | 10 | 20.3 |
| **Moderate adapters** | 0.53 | 14 | 27.1 |
| **Low adapters** | 0.30 | 11 | 22.1 |
| **Average and totals** | 0.59 | 50 | 100.0 |

Em geral, a tabela 4.3 acima indica que os agricultores comunitários entrevistados (30,5%) são mais adaptados às tecnologias de adaptação às alterações climáticas. 20,3 % são grandes adaptadores, enquanto 27,1 % são adaptadores moderados das TCAA. 22,1% dos inquiridos entrevistados são pouco adaptadores, em média, os agricultores rurais do distrito de Chivi são adaptadores moderados. Isto deve-se ao facto de a capacidade média ser de 0,59, o que se enquadra no intervalo de adaptadores moderados (0,33≤AdapCap≤0,66). Isto revela que os agricultores rurais no distrito de Chivi não têm a capacidade e os recursos necessários para melhorar a sua adaptação eficaz e isto tem uma implicação direta na segurança alimentar no distrito.

**4.3.1.3: Meses passados com a cultura do milho colhido antes e durante a CST**

A partir das discussões dos grupos focais e de outras pesquisas documentais, os agricultores destacaram que antes de embarcarem na CCAT e abandonarem os seus métodos agrícolas tradicionais, eles tiveram melhores colheitas em comparação com o que estão a colher agora, a introdução da CCAT monitorizada, por exemplo, o projeto 'dhiga udye' (lavoura zero) e fertilizantes químicos, que são vistos como recompensando favoravelmente os agricultores nas duas aldeias, na realidade não é. As razões para a redução dos rendimentos e o aumento da insegurança alimentar incluem dificuldades na preparação do campo, que exigem uma grande quantidade de mão de obra contratada, porque em Chivi a produção animal é muito pobre devido à falta de terras de pastagem, pelo que o número limitado de gado que têm não os pode ajudar porque não são suficientemente fortes para puxar o arado. Um inquirido disse

*"mombe hadzina kusimba kuti tidzisunge pagejo".*

Este inquirido está a expressar como a mão de obra pode ser problemática na região. Além disso, os agricultores indicaram que não dispõem de implementos como sementes certificadas, pesticidas e outros equipamentos necessários para escavar superfícies duras durante a estação seca.

### 1.1.1: DESAFIOS DA ADAPTAÇÃO ÀS ALTERAÇÕES CLIMÁTICAS

#### 1.1.2: 4.1: Informação sobre as alterações climáticas

A falta de informação sobre as alterações climáticas é uma das principais alterações que está a impedir os agricultores de se ajustarem às tecnologias de adaptação às alterações climáticas como medidas de ajustamento às alterações climáticas. Os dados do terreno (Quadro 4.5) mostram que 56% dos inquiridos em Chivi concordaram que não têm conhecimentos suficientes sobre as alterações climáticas em geral. 44% reconheceram que têm conhecimentos sobre as alterações climáticas.

## Tabela 4.4: Informações sobre as alterações climáticas

| **lack of information about long term changes in rainfall/ climate change** | |
|---|---|
| | Percentage |
| Yes | 56.0 |
| No | 44.0 |
| Total | 100.0 |

N=50

No entanto, os resultados dos debates dos grupos de discussão revelaram que os conhecimentos de que dispõem estão fragmentados e não podem ser utilizados.

Um dos inquiridos observou o seguinte

*"Ruzivo rwatinarwo haruna kukwana kuti mvura yakanaya sei" (o conhecimento dos padrões de precipitação não é suficiente entre os agricultores comunitários)*

Isto mostra que os agricultores comunais não têm informação suficiente para tomar decisões informadas sobre a adaptação às alterações climáticas no distrito de Chivi.

### 1.1.3: falta de competências dos agricultores

Os dados apresentados na tabela 4.6 revelam que 78,0% dos inquiridos concordaram que não têm conhecimentos suficientes e as competências necessárias para integrar plenamente as Tecnologias de Adaptação às Alterações Climáticas de modo a poderem moderar o problema de insegurança alimentar que lhes é colocado pelas alterações climáticas. De particular interesse é o facto de 22% dos inquiridos acharem que têm as competências necessárias para combater os problemas de segurança alimentar induzidos pelo clima no distrito de Chivi.

## Quadro 4.5: Falta de competências dos agricultores comunais de Chivi

| Lack of knowledge /skills concerning appropriate adaptation/farming practices to use | |
|---|---|
| **Response** | Percentage |
| No | 22.0 |
| Yes | 78.0 |
| Total | 100.0 |

N=50

### 4.4.3: Limitações financeiras

A falta de financiamento e de outros recursos financeiros foi também exposta como um grande obstáculo para os agricultores se ajustarem às consequências saqueadoras das alterações climáticas na segurança alimentar no distrito de Chivi. Por um lado, os resultados computados mostram que 76.0% dos inquiridos na zona rural de Chivi não têm recursos financeiros adequados para lutar contra as alterações climáticas. Por outro lado, os inquiridos entrevistados (24%) têm capacidade financeira para lutar contra as alterações climáticas porque são capazes de cobrir os custos de aprendizagem e de implementação.

## Quadro 4:6: condicionalismos financeiros

| Financial constraints(credit/savings) | |
|---|---|
| Response | Percentage |
| No | 24.0 |
| Yes | 76.0 |
| Total | 100.0 |

N=50

### 4.4.4: Escassez de mão de obra

A tabela 4.7 abaixo mostra que a escassez de mão de obra também está a colocar um sério desafio à capacidade adaptativa distrital à CCAT. A maioria das estratégias CCAT são de mão de obra intensiva nas zonas rurais, por exemplo, a técnica de recolha de água, os agricultores demonstraram conhecimento da tecnologia mas não tinham mão de obra suficiente para implementar a tecnologia nos seus campos. Os dados recolhidos no campo revelaram que 75 % dos agricultores da zona rural de Chivi sofrem de falta de mão de obra, o que afectou as suas estratégias e planos de adaptação.

## Quadro 4.7: Escassez de mão de obra

| Labour shortage(for labour intensive technologies) | |
|---|---|
| Response | Percentage |
| No | 23.0 |
| Yes | 75.0 |
| Total | 100.0 |

N=50

### 4.4.5: Variedades e sementes certificadas

## Quadro 4.8: falta de variedades adequadas

| Lack of appropriate varieties and seed (short term drought resistant crops | |
|---|---|
| Response | Percentage |
| No | 52.0 |
| Yes | 48.0 |
| Total | 100.0 |

N=50

Embora não possa ser canalizado como um grande desafio, as apresentações estatísticas na tabela 4.8 mostram que a falta de sementes certificadas está a afetar a adaptação dos agricultores comunitários às mudanças climáticas. Os inquiridos (48,0%) que participaram nas entrevistas reconheceram que há falta de variedades apropriadas no distrito em geral. Isto está de acordo com os resultados dos FGDs que revelam que há um aumento dos níveis de pobreza e insegurança alimentar em Chivi porque os agricultores estão a concentrar-se mais na variedade de milho que provou estar a falhar em Chivi na última década. No entanto, os inquiridos (52,0%) não concordaram com isso porque sentiram que o programa presidencial well-wish e a CARE Zimbabué estão a fornecer variedades certificadas apropriadas de pequenos ganhos na área, o que torna o acordo questionável.

### 4.4.6: Falta de materiais de cobertura vegetal

**Figura 4.1: Fonte: Dados do trabalho de campo de 2015**

A falta de material de cobertura vegetal foi um tema muito atual em todas as discussões sobre CCAT no distrito de Chivi. O argumento era que não havia mais capim e folhas para usar como material de cobertura durante a estação seca. A razão provável para este argumento é que, há muito pouca vegetação na área que é protegida pelos chefes e chefes de família com ciúmes do que os agricultores têm medo de a usar como material de cobertura. Nas áreas onde o material de cobertura vegetal está disponível e pode ser acessível, há necessidade de rega consistente para evitar que as térmitas infestem as plantas cultivadas através do material de cobertura vegetal.

# CAPÍTULO 5

## DISCUSSÃO DOS RESULTADOS

### 5.0 Introdução

Os objectivos desta tese foram determinar a capacidade do agricultor rural para detetar as alterações climáticas e verificar como se adaptaram a qualquer alteração climática que considerem ter ocorrido. São necessárias estratégias de adaptação às alterações climáticas para que as populações rurais se adaptem às alterações climáticas previstas. Os resultados apresentados acima são discutidos a seguir, à medida que o capítulo se desenrola:

### *5.1* Percepções dos agricultores sobre as alterações climáticas

#### 5.1.1 As alterações climáticas estão a acontecer

Esta investigação revela que existem diferenças importantes na propensão dos agricultores que vivem em duas aldeias selecionadas (Takavarasha e Muzvidziwa) para se adaptarem e que existem impedimentos tecnológicos à adaptação. A literatura também deixou claro que as percepções são um pré-requisito muito necessário para a adoção de tecnologias de adaptação às alterações climáticas que, por sua vez, ajudam a combater a insegurança alimentar. Os resultados do inquérito provam que um certo número de agricultores (97%) já percebeu que as alterações climáticas estão a acontecer e a afetar as pessoas. Por exemplo, a temperatura tornou-se mais quente e a precipitação imprevisível. Dada a natureza dos dados que o investigador recolheu, a questão de como as percepções das alterações climáticas podem ser abordadas é abordada através da introdução de tecnologias de adaptação às alterações climáticas, não só ao nível da declaração, mas também assegurando que são integradas e implementadas com sucesso pelo agricultor rural.

As respostas práticas às ameaças colocadas pelas alterações climáticas envolvem estratégias de adaptação e de mitigação, todas elas incluídas nas tecnologias de adaptação às alterações climáticas (TAC). As medidas de adaptação às alterações climáticas minimizam os efeitos das alterações climáticas na produção alimentar à medida que estas progridem, enquanto a mitigação é uma tentativa de limitar a sua magnitude (Broadmeadow et al., 2005). Os resultados do trabalho de campo indicam que, através das estratégias CCAT, a gravidade e a extensão dos efeitos adversos das alterações climáticas na segurança alimentar nas zonas rurais de Chivi podem ser reduzidas e os efeitos positivos podem ser maximizados. Isto está de acordo com a literatura que revela que os agricultores que usam tecnologias de adaptação às alterações climáticas (TAC) devem ter em consideração o facto de que as práticas agrícolas que foram bem sucedidas na década passada podem não ser bem sucedidas agora e terão de ser reavaliadas regularmente para garantir uma medida de segurança alimentar sustentada no distrito de Chivi (Manjengwa et al., 2014, Mutema, 2007 e Chenje et al., 1998).

### 5.1.2 Condições prévias mais necessárias para a adaptação

De acordo com Pannell (1999), para que os agricultores adoptem a técnica de conservação da terra, devem primeiro estar conscientes de que a tecnologia existe e perceber que é rentável. Os resultados desta pesquisa revelam que os agricultores rurais no distrito de Chivi são bons a detetar as Mudanças Climáticas, o que é uma condição prévia muito básica e necessária para a adaptação. No entanto, é imperativo suspeitar sempre que eles notaram formas particulares de Mudanças Climáticas, tais como menos chuvas, quando na realidade não o fizeram, as mudanças climáticas têm um impacto significativo na segurança alimentar, aumentando a demanda de água, limitando a produtividade das culturas e reduzindo a disponibilidade de água em áreas onde a irrigação é mais necessária ou tem uma vantagem comparativa (FAO, 2012). Quando as alterações climáticas invadem as zonas rurais, tornam-se cada vez mais problemáticas para a manutenção da biodiversidade, o funcionamento dos ecossistemas e a rentabilidade da produção agrícola (Ingram et al 2008), que está agora na ordem do dia no distrito de Chivi. No entanto, Maddison (2007) postula que os investigadores devem, por isso, tentar validar estes resultados antes de concluírem que os agricultores comunais são tão perceptivos às Alterações Climáticas como se afirma, de modo a evitar a deturpação dos factos.

### 5...1.3 Percepções sobre as alterações de temperatura

A literatura revela que o nosso planeta está figurativamente "em chamas". O aumento da temperatura global é evidente e prevê-se que continue a aumentar no futuro, a menos que sejam tomadas medidas. De acordo com El-beltagy e Magdy-Madkour (2009), o que se previa que acontecesse em 2100 está a acontecer mais cedo do que o esperado. A investigação divulga que um número significativo de agricultores acredita que as temperaturas em Chivi já estão a aumentar e que os seus padrões de precipitação se alteraram. As temperaturas tornaram-se mais quentes e as estações de inverno mais curtas. Os dados indicam claramente que, nas duas aldeias selecionadas (Takavarasha e Muzvidziwa), um número significativo de agricultores acredita que a temperatura média aumentou, o que é evidenciado pela secagem de árvores e barragens (barragem de Taru e barragem de Zvamapere) devido a temperaturas elevadas, o que é ahistórico para os residentes no distrito. O mais interessante é que, a maior parte da população acredita que tem uma mão na mudança de temperatura e clima, portanto, é seguro dizer que a mudança climática no distrito de Chivi é antropogénica. Por exemplo, os residentes na aldeia de Muzvidziwa foram rápidos a citar a construção do poleiro urbano electrificado (ponto de crescimento de Chivi) como a principal causa destas alterações climáticas através da desflorestação maciça porque as pessoas precisam de lenha e por isso cortam árvores que se acredita cientificamente serem sumidouros de carbono. Assim, a taxa de desflorestação está a aumentar devido à falta de energia eléctrica e isto está a agravar as alterações climáticas no distrito, uma vez que os residentes competem pelos recursos de madeira. No entanto, um número bastante insignificante de inquiridos acredita que as mudanças de temperatura em Chivi são um processo natural.

Este facto está de acordo com a literatura que atesta que parte da população das zonas rurais considera que as alterações climáticas são um processo natural e inevitável e que as pessoas da zona devem aprender a lidar com ele (Cook et al 2013; Nuccitelli 2013).

### 1.1.4 Percepções dos agricultores sobre a precipitação

A investigação revela que os agricultores comunitários consideram que os padrões de precipitação na zona de Chivi estão a mudar e que há agora menos precipitação registada por ano. Os resultados sobre a precipitação mostram uma uniformidade de opiniões semelhante nas duas aldeias. Uma população considerável também acredita ter notado uma mudança nas estações de chuva. As mudanças no padrão de precipitação já estão a ocorrer, é provável que as zonas húmidas se tornem mais secas, e há também um aumento da escassez de água na zona porque as barragens estão a secar. A mudança de precipitação afectou a produção de milho que, segundo consta, era uma boa fonte de rendimento para os agricultores. De acordo com a FAO (2010b), é cada vez mais aceite que o desenvolvimento da agricultura será severamente restringido se não forem abordados os riscos e capitalizadas as oportunidades colocadas pela CCAT. O sector agrícola comunal na zona de Chivi deve adaptar-se ao impacto das alterações climáticas para melhorar as condições de segurança alimentar na região. Como tal, os agricultores são levados a adotar tecnologias de adaptação às alterações climáticas para evitar ou, pelo menos, abrandar a progressão das ameaças agrícolas. Por conseguinte, a agricultura CCAT é uma abordagem inestimável para apoiar os agricultores rurais na superação dos desafios/problemas relacionados com as alterações climáticas, de modo a melhorar os meios de subsistência rurais e a sua qualidade de vida, aumentando a produtividade e a resiliência da população rural.

### 1.1.5 Percepções sobre os recursos hídricos

Na próxima década, é provável que as alterações climáticas afectem os recursos hídricos, com amplas implicações para o sector da produção agrícola rural do Zimbabué. A escassez de água afecta tanto a quantidade como a qualidade dos recursos hídricos, porque os recursos hídricos degradados são considerados inutilizáveis para utilizações mais rigorosas da água. Os inquiridos (49%) culparam os sistemas de irrigação que foram construídos sem uma avaliação adequada do impacto ambiental, por exemplo, a irrigação comunitária de Taru. Este sistema exerce pressão sobre a barragem de Taru e está a secar. Segundo a FAO, o stress hídrico causado pela seca é o fator abiótico (não vivo) mais importante que limita o crescimento das plantas e afecta a produção alimentar global da região. O aumento da temperatura, a secagem das barragens e a escassez de chuvas alteram as necessidades de água das culturas, a disponibilidade de água e a produção das culturas, o que resulta num efeito diferencial na paisagem terrestre de produção alimentar. A agricultura de sequeiro em Chivi é particularmente sensível à mudança das condições climáticas, o que reduz subsequentemente a produção alimentar na zona. Por conseguinte, o aumento da tolerância ao stress (resistência à seca) nas culturas cultivadas no distrito de Chivi poderia constituir uma solução para o problema da insegurança alimentar na zona. A CARE Zimbabwe já está a defender esta abordagem. No entanto, esta medida deve ser devidamente monitorizada, avaliada e documentada para uso futuro pelas gerações vindouras, para que tenha sucesso com poucas consequências.

### 1.1.6 A natureza de género da adaptação

O ritmo e a capacidade com que as pessoas se apercebem e se adaptam às MC através de uma implementação robusta das MTC é cada vez mais condicionado pelo género. Os resultados dos informadores-chave e das discussões dos grupos de centragem revelaram que, para os homens, é muito mais fácil adotar novas tecnologias, porque geralmente estão preparados para correr riscos. No entanto, as mulheres acham mais confortável adotar apenas as tecnologias que parecem complementar as já existentes. Doss (2001) observa que a adoção de tecnologias de adaptação às alterações climáticas pelas mulheres é especialmente baixa em comparação com os homens. Examinando os dados sobre os agregados familiares da zona rural de Chivi, o investigador descobre que os extensionistas têm um papel importante no incentivo aos agricultores para utilizarem as tecnologias de AAC, uma vez que dão conselhos gratuitos e proporcionam oportunidades para a participação dos agricultores no processo de investigação e nos ensaios agrícolas, mas as mulheres tendem a ser mais relutantes do que os homens em adotar e aprovar uma determinada tecnologia. Isto está de acordo com Pannell (1999), que atesta que o aconselhamento nunca substitui um ensaio pessoal, porque geralmente as mulheres adoptam tecnologias que viram funcionar noutro lugar devido ao medo do desconhecido.

## 5.2 IMPLICAÇÕES DA CCAT PARA A SEGURANÇA ALIMENTAR

### 5.2.1 Aumento dos níveis de pobreza em Chivi

As alterações climáticas podem potencialmente interromper o progresso em direção a distritos com níveis de "menos pobreza" em Chivi. É percetível um padrão distrital robusto e coerente do impacto das tecnologias de adaptação às alterações climáticas na segurança alimentar que pode ter consequências nos meios de subsistência rurais (Wheeler e Braum, 2013). A estabilidade de todo o sistema de produção de alimentos no distrito de Chivi está em risco sob as alterações climáticas devido à precipitação errática e aos cortes precoces. O impacto potencial pode ser menos claro a nível distrital, mas é agora dado e mais visível que as alterações climáticas (MC) exacerbam/acentuam a escassez e a insegurança alimentar nas aldeias selecionadas em Chivi, que são caracterizadas por cidadãos pobres e marginalizados. As evidências da investigação na área apoiam a necessidade de um investimento considerável em tecnologias de adaptação às alterações climáticas centradas no utilizador, com vista a um sistema de produção alimentar climaticamente inteligente que seja mais adaptável e resiliente ao impacto das alterações climáticas na segurança alimentar (HDDS, CSI e MIFHP) no distrito de Chivi.

### 5.2.2 Irrigação com energia solar e segurança alimentar

Como esperado, os resultados mostram que, em média, o uso de tecnologias de adaptação às mudanças climáticas tem um impacto positivo e estatisticamente significativo na segurança alimentar no distrito de Chivi. O uso de irrigação por energia solar e a aplicação de fertilizantes por escorregamento melhoram significativamente o valor da colheita por acre. Esta descoberta é consistente com a pesquisa conduzida pela FAO (2015), que revela que o uso de insumos modernos climaticamente inteligentes tem um impacto positivo na produtividade das culturas. No entanto, este estudo descobriu que o uso de fertilizantes químicos no distrito de Chivi não parece aumentar a produção agrícola na área - a correlação não é estatisticamente significativa nos resultados da correlação bivariada. A explicação provável para esta relação insignificante é que os benefícios de rendimento destas práticas CCAT muitas vezes acumulam-se lentamente a longo prazo em comparação com outras práticas, que tendem a ter retornos a curto prazo.

### 5.2.3 A CCAT não melhora imediatamente a segurança alimentar

Uma análise dos resultados mostra que as tecnologias de adaptação às alterações climáticas não melhoraram imediatamente a segurança alimentar das famílias em toda a área de estudo. Esta observação é substanciada pelo aumento do número de agregados familiares com insegurança alimentar, apesar de estarem a fazer uso de algumas das TCA, em particular os fertilizantes químicos. Isto deve-se ao facto de a tecnologia de fertilizantes químicos ter sido profundamente afetada pela má distribuição da precipitação na área durante a última década. Os resultados das discussões de grupo sugeriram que alguns dos programas CCAT foram simplesmente impostos a eles pelos extensionistas e ONGs, eles argumentam que não foram consultados antes dos programas, porque eles já sabem que alguns dos programas impostos a eles falharam nas aldeias vizinhas, mas eles aceitaram as tecnologias porque lhes foram dadas gratuitamente (fertilizantes e sementes de milho através do programa presidencial de distribuição de desejos). Isto explica porque é que houve uma correlação negativa entre fertilizantes químicos e segurança alimentar.

### 5.2.4 CCAT e HDDS

De acordo com Care (2011), a abordagem CCAT está centrada no aumento da capacidade de adaptação às alterações climáticas das pessoas, em particular das populações rurais mais vulneráveis de Chivi. Esta abordagem forneceu apoio para meios de subsistência resistentes ao clima, redução do risco de catástrofes e capacitação, advocacia e mobilização social para abordar as causas subjacentes da vulnerabilidade, incluindo má governação, desigualdade de género e acesso desigual a recursos e serviços (Care 2011). Isto está em linha com os resultados da investigação que revelam que existe uma correlação positiva entre o escalonamento da data de plantação e o HDDS (correlação de Pearson=.606, n=50, p<.000). Portanto, pode-se dizer com segurança que a abordagem CCAT tem uma grande oportunidade de garantir a melhoria da segurança alimentar no distrito de Chivi

### 5.2.5 CCAT e CSI

De acordo com a FAO, para alcançar a segurança alimentar para todos é necessário um esforço coordenado que incorpore medidas de adaptação preventivas, promocionais, protectoras e transformadoras às alterações climáticas. As medidas preventivas destinadas a ajudar as pessoas a evitar a insegurança alimentar e incluem sistemas de seguro social, tais como grupos de poupança, bem como medidas de gestão de risco, tais como medidas de irrigação movidas a energia solar, têm uma contribuição significativa na redução da vulnerabilidade da insegurança alimentar no distrito. De acordo com Care (2011), o CCAT e as medidas promocionais em conjunto são as melhores medidas de segurança da produção alimentar necessárias durante a era das Alterações Climáticas. Isto explica porque é que existe uma correlação negativa entre a conservação da água e o CSI (correlação de Pearson=-.236, n=50, p<.049 unicaudal) porque existe uma defesa intensiva das Tecnologias de Adaptação às Alterações Climáticas sem ter em consideração a importância das medidas promocionais.

### 5.2.6 Produção deficiente de milho em Chivi

De acordo com Care (2011), estima-se que a produção de alimentos terá de aumentar 50% até 2030, apenas para acompanhar a procura da crescente população mundial. Ao mesmo tempo, prevê-se que as alterações climáticas causem uma diminuição da produção mundial de cereais de 1 a 7% até 2060. A Care referiu que esta diminuição se verificará sobretudo nos países em desenvolvimento, em especial na África Subsariana. A redução da produção conduzirá a preços elevados dos alimentos e a uma insegurança alimentar crescente. Isto explica a fraca produção de milho no distrito de Chivi na era das alterações climáticas.

### 5.2.7 Vulnerabilidade dos agricultores comunitários às alterações climáticas

Os agricultores comunais são afectados de forma diferente pelos impactos das alterações climáticas e pelas tecnologias de adaptação às alterações climáticas utilizadas, pelo que as tecnologias dependem do percurso e do contexto específico, especialmente quando se trata de salvaguardar a sua segurança alimentar no distrito (Care, 2011). De acordo com a FAO, embora os agricultores comunais sejam importantes produtores de alimentos, eles têm acesso e controlo limitados dos recursos. No entanto, devido ao seu papel central na produção agrícola de alimentos, os agricultores comunitários são grandes agentes de segurança alimentar no distrito de Chivi. Assim sendo, devem ser postas em prática iniciativas centradas no utilizador, concebidas para aumentar a segurança alimentar através do reforço das capacidades dos agricultores comunitários

### 5.2.8 Capacidade de adaptação e segurança alimentar

A capacidade dos agricultores comunitários para manter a segurança alimentar face às alterações climáticas dependerá significativamente da sua capacidade de adaptação (Chiaka et al., 2013; McCarty, 2001). A capacidade de adaptação é significativamente influenciada pelo acesso e controlo de recursos críticos, como a informação e os conhecimentos sobre as alterações climáticas e os recursos naturais, como a terra e a água, para oportunidades agrícolas que permitam obter rendimentos sustentáveis. Uma capacidade adaptativa elevada (.84) dos agricultores promoverá um distrito mais seguro em termos alimentares, uma vez que estes tentam limitar ou reduzir as consequências das alterações climáticas através da implementação sólida de tecnologias de adaptação às alterações climáticas.

## 5.3 DESAFIOS À ADAPTAÇÃO NO DISTRITO DE CHIVI

### 5.3.1 Alterações climáticas e estratégias de adaptação às alterações climáticas Divulgação de informações

No distrito de Chivi, a investigação revelou que as comunidades nas zonas rurais dependem principalmente dos extensionistas, das ONG e dos mestres agricultores para lhes fornecerem a informação necessária relacionada com as alterações climáticas e as estratégias de adaptação às alterações climáticas e para os apoiarem na garantia do seu principal meio de subsistência (a agricultura). Os esforços para promover a adoção da TCA pelas comunidades vão além da mera comunicação dos diferentes métodos da TCA, mas devem também considerar o desenvolvimento da capacidade destas partes interessadas para apoiar as comunidades rurais na tomada de medidas de adaptação.

A evolução do sistema agrícola com base nas crescentes alterações climáticas exigiu conhecimentos adicionais por parte do agricultor rural. A falta de educação, de informação e de formação é frequentemente um fator limitativo importante para a adaptação dos agricultores às MTC. O relatório do FIDA (2007) confirmou que o mau estado da educação de um determinado país também teve o seu preço para as pessoas pobres, a maioria das quais são agricultores rurais. Os resultados do terreno revelaram que a maioria dos agricultores do distrito de Chivi não consegue adaptar-se com sucesso às tecnologias de adaptação às alterações climáticas devido à falta de conhecimentos. Infelizmente, a fonte alternativa emergente de informação sobre as alterações climáticas (a Internet) ainda não se expandiu para as zonas rurais de Chivi e pode, de facto, não ser capaz de o fazer devido às barreiras de custo (custo associado à utilização e ligação dos serviços de Internet). Aconselha-se, portanto, que a AREX, a AGRITEX e outras ONGs assumam a liderança no sentido de aumentar os serviços de extensão e a disseminação de informação sobre o clima e os seus efeitos na segurança alimentar, para que os agricultores rurais se tornem conhecedores e aumentem a sua capacidade de adaptação às alterações climáticas e aos problemas moderados de insegurança alimentar em Chivi.

### 5.3.2 Condicionalismos financeiros

A vulnerabilidade às alterações climáticas é determinada não só pela exposição a choques sensíveis às alterações climáticas, mas também pela capacidade de gerir os choques de forma a minimizar o impacto negativo nos meios de subsistência e permitir práticas agrícolas bem sucedidas, o que é altamente determinado pelos recursos financeiros à disposição do agricultor. De acordo com Pena e Fuchs (2013), a capacidade de adaptação é moldada pelos papéis na família e na comunidade e pelo acesso e controlo sobre os recursos, bem como pelo poder de tomar decisões. O estudo revela que a maioria dos agricultores do distrito de Chivi não tem acesso aos recursos financeiros mais necessários, pelo que sofrem os males das alterações climáticas, não porque não queiram adaptar-se, mas porque não têm capacidade para adotar as TCAA

### 5.3.3 Conflito de interesses e conflito baseado em recursos

Os conflitos, em particular os conflitos baseados em recursos, são o maior obstáculo aos esforços de adaptação. Além disso, é provável que os impactos das alterações climáticas aumentem a pressão sobre os recursos, o que pode exacerbar os conflitos existentes ou criar novas áreas de tensão (Pena e Fuchs, 2013). A integração da análise e resolução de conflitos pode ser um fator importante para o sucesso da adoção das MTC. Muitas das causas subjacentes à vulnerabilidade da CC resultam do facto de os agricultores rurais serem silenciados ou não terem voz na tomada de decisões que lhes dizem respeito. Capacitar os agricultores mais vulneráveis para participarem nas decisões que os afectam é fundamental para garantir uma adaptação eficaz às alterações climáticas. Isto porque ajuda a definir estratégias/tecnologias que respondam às suas necessidades e prioridades, e só então os agricultores apoiarão os seus esforços de adaptação.

### 5.3.4 Questões de governação

A adaptação ao impacto das alterações climáticas na segurança alimentar constitui um desafio importante para a estrutura de governação a todas as escalas temporais e espaciais. A adaptação pode basear-se em escolhas e acções descoordenadas de indivíduos e partes interessadas ou em acções e escolhas colectivas a diferentes níveis, por exemplo, a nível local, distrital e provincial (Mickwitz et al., 2009; Read et al., 2009). Os resultados do terreno reforçam esta ideia e revelam que, ao procurar a escala adequada de governação para a adaptação, o impacto projetado e a natureza da adaptação têm de ser tidos em conta, a fim de aliviar a vulnerabilidade e criar capacidade e resiliência para reduzir as ameaças à segurança alimentar.

## 5.4 CONCLUSÃO

### 5.4.1 Resumo do estudo

O estudo revelou um elevado nível de consciencialização sobre os efeitos das alterações climáticas na segurança alimentar. As irregularidades da precipitação e o aumento da temperatura foram os resultados mais mencionados das alterações climáticas e os factores usados para medir se as alterações climáticas estão ou não a acontecer. A maioria dos inquiridos revelou que as suas famílias já foram afectadas pelas MC. No entanto, é ainda duvidoso que os agricultores rurais saibam imediatamente o que constitui a melhor resposta às alterações climáticas, quando as tecnologias sofisticadas de adaptação às alterações climáticas e outras práticas agrícolas necessárias estão fora do âmbito da sua experiência. O conjunto destes factos aponta para um período de perdas transitórias de duração desconhecida em resultado da adaptação às alterações climáticas.

No contexto das Mudanças Climáticas, a pesquisa revela que as áreas comunais no Zimbabwe, particularmente o distrito de Chivi, a frequência e a intensidade de eventos como a seca e a alta temperatura são susceptíveis de aumentar os eventos extremos, que na maioria dos casos se transformam em desastres, é altamente dependente do nível de preparação rural a nível local, bem como da capacidade das comunidades e indivíduos para responder e gerir os problemas das mudanças climáticas. Isto implica que a integração de medidas de redução de risco de desastres (CCAT) é criticamente necessária se as comunidades rurais de Chivi quiserem sobreviver amanhã. Contudo, a experiência na agricultura (cultivo) através da adoção de CCAT que está associada a uma agricultura sustentável melhorada não gera confiança no distrito de Chivi. Por um lado, a investigação aponta que a taxa de adoção de tecnologias rentáveis de adaptação às alterações climáticas tem sido muito lenta devido ao custo associado à implementação e aprendizagem destas tecnologias. Por outro lado, a investigação expôs que, na agricultura comunal, o grau de desfasamento entre as expectativas climáticas e a realidade é um fator determinante potencialmente significativo dos custos associados à transição para as TCA.

De um modo geral, o distrito de Chivi está a atravessar um período em que as realidades climáticas estão a mudar e em que há um reconhecimento crescente da responsabilidade colectiva facilitada por diferentes instituições e organizações não governamentais mandatadas pelo governo do Zimbabué. Chegou o momento de escolher e abrir o caminho que irá salvaguardar o nosso futuro porque o distrito tem os conhecimentos e as ferramentas corretas necessárias para combater as Alterações Climáticas. O que é necessário hoje é continuar a melhorar a consciencialização sobre as tecnologias de adaptação às alterações climáticas (CCAT) e sobre os seus efeitos na segurança alimentar no distrito. Isto contribuirá muito para gerar apoio dos líderes comunitários e da comunidade em geral para se juntarem a outras partes interessadas no combate à ameaça.

### 5.4.2 Recomendações

- Criar uniformidade de pontos de vista locais e de outras partes interessadas necessárias sobre as políticas e acções em matéria de alterações climáticas e de adaptação às alterações climáticas. Isto contribuirá muito para colmatar as lacunas existentes em termos de conhecimento e compreensão das alterações climáticas e das estratégias de adaptação às alterações climáticas como medidas pré-requisito para as enfrentar.

- Dar prioridade às questões que afectam os agricultores rurais, em especial os situados nas regiões agro-ecológicas IV e V, em todas as políticas, planos ou outras estratégias de intervenção (CCAT) elaboradas para reduzir o impacto das alterações climáticas na segurança alimentar. Devem ser feitos investimentos diretos específicos para permitir que os agricultores rurais tenham acesso à informação, aos conhecimentos e à tecnologia necessários para se adaptarem com êxito às alterações climáticas.
- Investir no reforço das capacidades e na resiliência dos agricultores rurais, que são os mais vulneráveis, tanto em termos de elaboração de medidas de adaptação e de atenuação, como de melhoria dos conhecimentos e da compreensão das alterações climáticas e das novas medidas CCAT. Isto permitirá ao Zimbabué, enquanto nação, encontrar melhores soluções/medidas para as alterações climáticas com base nos princípios da justiça climática.
- Envolver plenamente as populações rurais na tomada de decisões que lhes dizem respeito, de modo a que as soluções propostas sejam culturalmente integradas e acolhidas pela comunidade em geral, que sente que a solução faz parte dela.
- É necessário um planeamento bem elaborado do desenvolvimento socioeconómico nacional para reforçar os "esforços políticos" no sentido de resolver os desafios existentes na aldeia e na governação local no sistema de prestação de serviços do Zimbabué. Caso contrário, os beneficiários visados (que são os agricultores/pessoas rurais mais pobres) podem não receber a parte que lhes cabe dos recursos nacionais reservados para combater os problemas relacionados com as alterações climáticas.

• As diferentes partes interessadas devem implementar CCAT de baixo custo que as comunidades possam cuidar utilizando conhecimentos e materiais autóctones, uma vez que isso irá reforçar as suas capacidades e, por conseguinte, aumentar de forma sustentada a produção alimentar, o que implica segurança alimentar para a nação. Aconselhar os agricultores a adotar tecnologias de adaptação às alterações climáticas

## REFERÊNCIAS


Bours, D. (2014). *Nota de Orientação 3: Abordagem da Teoria da Mudança para a Programação da Adaptação ao Clima*. UKCIP

Broadmeadow, M. (2010). *Climate Change and the Future for Broadleaved species in Britain [Alterações climáticas e o futuro das espécies de folhosas na Grã-Bretanha*]. Vol. 78: 145-165. Forestry.

Brown, A. (2011). *Gerir a Adaptação. Linking Theory and Practice*. UKCIP

Brown, M.E. (2009). *Markets, climate change, and food security in West Africa (Mercados, alterações climáticas e segurança alimentar na África Ocidental).* Environ Sci Technol 43: 8016-8020.

Cuidados. (2011). *Resumo* da Care *International sobre as alterações climáticas: Adaptação e Segurança Alimentar*. Disponível em http//.www.careclimatechange.org

Crawford, I. M. (1990). *Centro de Investigação de Marketing para a Formação em Marketing Agrícola na África Oriental e Austral.* Harare, Zimbabué.

Denzin, N.K. (2005). *The Sage Handbook of Qualitative research:* Thousand oaks: Sage Publication, 1210p.

Dey, I. (1993). *Qualitative data analysis: A user-friendly guide for social scientists.* Nova Iorque: Routledge.

Doss, J. (2011). *Impacto do clima nas pessoas. Alterações climáticas*. Agricultura e Segurança Alimentar.

Eklund,L.(2000). *Gender Roles and Female Labour Migration. A Qualitative Field Study of Female Migrant Worker in Beijing.*

Ford. J. D. (2009). *Dangerous climate change and the importance of adaptation for the Arctic's Inuit population (Alterações climáticas perigosas e a importância da adaptação para a população Inuit do Ártico), Environ.* Res. Lett. 4 (2009) 024006 (9pp).

Funfgeld, H. (2011). *Enquadrar a adaptação às alterações climáticas na política e na prática*. Rede de Investigação em Ciências Sociais

Garza, G. (2007). *Variedades de investigação fenomenológica na Universidade de Dallas*: Uma tipologia emergente. Investigação Qualitativa em Psicologia, 4, 313-342.

Gitay, H.A et al., (2002). *Climate Change and Biodiversity (Alterações Climáticas e*

*Biodiversidade).* Trabalho do IPCC

Hintze, L. et al., (2003). Variety Characteristics and Maize Adoption in Honduras (Caraterísticas das variedades e adoção do milho nas Honduras). Economia Agrícola 29:307-17.

Huq. S. (2015). Adaptação às alterações climáticas: A Challenge and Opportunity._Climate Change Group International Institute for Environment and Development

FIDA. (2009). Climate Change and the Future of Smallholder Agriculture. Investing in Rural People.

IPCC. (2001). Terceiro Relatório de Avaliação. Disponível online: http://www.ipcc.ch/ipccreports/tar/. Acedido em 13/05/15.

IPCC. (2007). Climate Change Impacts, Adaptation and Vulnerability [Impactos das alterações climáticas, adaptação e vulnerabilidade]. Cambridge, Reino Unido: Cambridge University Press.

Kazembe T e Machimbira J. (2012). *Luta contra o VIH numa empresa agrícola e numa empresa de transportes ferroviários no distrito de Mwenezi, província de Masvingo, Zimbabué.*

Koppe, C et al., (2004). *Ondas de calor: riscos e respostas.* Saúde e Global Série Alterações Ambientais, OMS, Copenhaga

Maddison, D. (2006). *The Perception of and Adaptation to Climate Change in Africa (A perceção e a adaptação às alterações climáticas em África). Documento de discussão CEEPA n.º 10.* Centro de Economia e Política Ambiental em África. Universidade de Pretória.

McNeely, S.M. (2014). *A teoria cultural do risco para a adaptação às alterações climáticas.* Sociedade Americana de Meteorologia.

Mickwitz, P et al., (2009). *Climate Change Policy Integration, Coherence and Governance (Integração, coerência e governação da política em matéria de alterações climáticas).* Parceria para a Investigação Ambiental Europeia.

Moreland S e Smith E. (2012). *Modelação das alterações climáticas, segurança alimentar e população.* USA.

Mugabe F.T. (2005). *Variabilidade temporal e espacial na hidrologia do Zimbabué semi-árido e implicações nos recursos hídricos superficiais.* Tese de doutoramento não publicada,

Departamento de Solos. Universidade do Zimbabué. Harare.

Neumann, J. (1985). "*Mudança climática como um tópico na literatura clássica grega e romana". Climatic Change 7:* 441-454. doi:10.1007/bf00139058

Osberglaus, D. (2013). *Teoria do Prospeto, Mitigação e Adaptação às alterações climáticas.* Rede de investigação em ciências sociais.

Pannell, D.J. (1999). *Policy for Climate Change Adaptation in Agriculture (Política de Adaptação às Alterações Climáticas na Agricultura).* Universidade da Austrália Ocidental.

Pedram R, et al., (2011). *Variabilidade climática e produção agrícola na Tanzânia.* Agricult Forest Meteorol 151: 449-60.

Pena, L.S. e Fuch.R. (2013). *The Demography of Adaptation to Climate Change (A Demografia da Adaptação às Alterações Climáticas*). Fundo das Nações Unidas para a População.

ONS. (2005). "*Escritório de Estatísticas Nacionais - Livro Oficial do Ano do Reino Unido".* Recuperado em 29 de outubro de 2015 de .www.statistics.gov.uk/yearbook

Read R.D et al., (2009). *Climate Change Impact in England's Woodland (Impacto das alterações climáticas nas florestas de Inglaterra).* Investigação florestal

Shimizu,A.(2014). *Farmers Insurances retira ação coletiva alegando falha na adaptação às mudanças climáticas.* Centro Sabin para a Lei das Alterações Climáticas

Somda, J. et al., (2002). *Gestão da Fertilidade do Solo e Factores Socioeconómicos nos Sistemas de Produção Agrícola e Pecuária no Burkuna Faso. Um estudo de caso da tecnologia de compostagem.* Economia Ecológica, 43: 175-83

Sudman, S. e Bradburn, N. M. (1973), *Asking Questions*, Global Environmental Change Series.pp. 208 - 28.

Thompson, H.E et al., (2010).*Climate Change and Food Security in Sub-Saharan Africa: A Systematic Literature Review.* Segurança alimentar e sustentabilidade ambiental

UK CIP. (2003). Adaptação ao clima: Risk, Uncertainty and Decision making. Relatório técnico do PCI do Reino Unido, Oxford, Willows. R. I e Cornell. R. K (eds).

PNUD. (2005). Adaptation Policy Frameworks for Climate Change. Desenvolvimento de estratégias, políticas e medidas, Ed. Lim. B, Spanger-Siegfried.

Wheeler, T. e Braum V.J. (2013). Impacto das alterações climáticas na segurança alimentar mundial. Science. Vol. 341 no 6145.pp 508-513

Zee, D.V.D. (1999). Inquérito socioeconómico: Alguns métodos e abordagens. Cursos de Certificação Nacional. Land Use Planning and Land Measuring (projeto INSHURD). Ministério de Terras, Reassentamento e Reabilitação. ITC Polytechnic of Namibia. Windhoek.

Gabinete Meteorológico do Zimbabué. (2010). Ministério do Ambiente, Água e Clima 2013

# Apêndice

***Cartas de conformação para o trabalho de campo***

ZIMBABWE REPUBLIC POLICE

*Our Ref*

*Official communication*
H.Q

G/Point
*Should not be addressed to*

*Individuals*

*Your Ref*

MASVINGO WEST DISTRICT

Chivi Council Offices, Chivi

P.O Box 534, Chivi, Masvingo
ZIMBABWE

Telegram *'DISPOL MASVINGO WEST'* Telephone +263-337-615/695 Telfax +263-37-729

15 October 2015

Brian T. Mukamuri
Center for Applied Social Sciences
University of Zimbabwe
P.O. Box MP 167
Mount Pleasant
**Harare**

**RE: CONFIRMATION FOR MSC STUDENT FIELDWORK RESEARCH IN CHIVI DISTRICT**

1. I acknowledge receipt of your letter dated 13 October 2015 in connection with the above subject.
2. I have no objection to you conducting the research for MSC student fieldwork from the 15th to the 31st day of October 2015.
3. However, you are reminded to stick to the venue, date and time as stated in your application.
4. Police will monitor to ensure that there is no violation of any Zimbabwean laws.
5. By copy of this letter Officer In-Charge ZRP Chivi has been advised of this research.

[PHIRI F.]Chief Superintendent
*Officer Commanding Police*
**MASVINGO WEST DISTRICT**

1 - OCT 2015

# CHIVI RURAL DISTRICT COUNCIL

Private Bag 527 Tel No. 0337-691/286/787/627/792/641/702/214

Chivi email address: chivirdc@gmail.com

14th October 2015

**TO WHOM IT MAY CONCERN**

**RE: CONFIRMATION TO CONDUCT FIELD WORK RESEARCH IN CHIVI DISTRICT FOR: MUKAMURI TAWEDZERWA BRIAN**

As Chivi Rural District Council we have the pleasure to introduce Mukamuri Tawedzerwa Brian, ID 12-120739Q12, Reg Number R102270A to your respective village, house or ward to undertake his research in order to complete his Masters degree in Social Ecology. The research under the title '**Assessing the cost of inaction: building the evidence base on the knowledge at use of climate smart technologies on food security in the era of climate change.**'

It is our hope and belief that you will assist him to your best of your ability. As such we kindly appeal for your honest and integrity in his effort to collect the necessary data and information so as to ensure a better understanding of issues concerning the lives of the people in Chivi.

Thank you for your cooperation and valuable inputs.

Kind Regards

EXECUTIVE OFFICER-ADMIN
CHIVI R.D.C
14 OCT 2015

**Ncube A.S (Mr.)**
*Human Resources and Administration Officer*
**FOR CHIEF EXECUTIVE OFFICER**

University of Zimbabwe
Faculty of Social Studies
Centre for Applied Social Sciences

13 October 2015

**To Who It May Concern**

**Re:** Confirmation for MSC student fieldwork research

We hereby have the pleasure in introducing our MSc Student MUKAMURI ID 12-120739Q12 Reg Number: R102270A to your institution who is undertaking fieldwork. As part of our academic requirements, he/she is mandated to do field data collection that will aid him to complete a research project to be submitted in partial fulfillment of the requirements of the M.Sc Degree in Social Ecology. We kindly appeal for your assistance in his/her effort to collect the necessary data and information from your institution, on completion you will be invited for presentation seminars and be a stakeholder in our institution if that is convenient for you.

Thank you for your invaluable inputs and cooperation

Regards.

Dr G. Chikowore (Acting Chairperson UZ-CASS)

Center for Applied Social Sciences
University of Zimbabwe
P.O Box MP 167
Mount Pleasant, Harare, Zimbabwe
Mail: godchik@yahoo.co.uk

Phone: 04-303080

UNIVERSITY OF ZIMBABWE
13 OCT 2015
CENTRE FOR APPLIED SOCIAL SCIENCES

DISTRICT ADMINISTRATOR
MIN. OF LOCAL GOVT. PUBLIC WORKS & NATIONAL HOUSING
15 OCT 2015
PRIVATE BAG 50.. CHIVI
ZIMBABWE

MIX
Papier aus verantwortungsvollen Quellen
Paper from responsible sources
FSC® C105338

Printed by Books on Demand GmbH, Norderstedt / Germany